JN083707

「クローリング」と「スクレイピング」

Crawling & Scraping

はじめに

日本では、金融リテラシーやITリテラシーの低さが問題視され、コロナ禍で、それがさらに顕著になって、リテラシーの高い層と、そうでない層の間で、所得格差、生活水準の格差が日に日に広がってきています。

コロナの影響を受け、多くの人が仕事や収入を減らしている一方で、投資のスキルを駆使して資産を大きく増やしたり、また、ITスキルを駆使して、さまざまな副業に挑戦して、大成功している人もいます。

今後、コロナが収束しても、すぐに人口減少による少子高齢化の時代がやってきて、おそらくこのような格差現象は、より広がっていくことでしょう。

これからの時代は、年金不足問題を乗り越えるための正しい投資のスキルや、人手不足問題を解消するためのあらゆる業務自動化に必要な、ITスキルが不可欠になってきます。

*

皆さんには、これらのスキルを身に着けてもらうべく、「投資」と「プログラミング」の2つの要素を題材に、投資の一種である不動産投資を通じて、日々の生活や仕事の効率化に役に立つプログラミング技術を具体的に解説していきます。

本書を通じて、皆さんのITスキルや投資スキルが上がって、より豊かな生活を送れることに、お役に立てれば幸いです。

李　天琦

「クローリング」と「スクレイピング」

～「AI不動産投資」を例に「プログラミング」を学ぶ！～

CONTENTS

第6章 「lightGBM」を使った不動産価格予測

第7章 「RESAS-API」を使った「地域人口データ」の扱い

第8章 「Anti-CAPTCHA」で「Google reCAPTCHA」を突破

第1章
不動産投資をAIで自動化

AIが専門の筆者が、これまで活用してきた、生活に役立つさまざま技術について紹介していきます。まずは、筆者が最も得意な、「AIによる不動産投資」を自動化するお話です。

1-1 不動産投資AI

近年のAI技術の急速な発達によって、日常で行なわれている仕事が次々と「AI」に代替されています。

不動産投資を例にして、プロセスがどのようにAI化されているのか、見ていきます。

■ AIに代替される不動産投資プロセス

「経験に基づく仕事」や、「型にはまった単純作業」ほどAIで代替しやすく、人間よりも高精度で、かつ効率良く仕事をこなしてくれます。

そして、「不動産投資」も、まさにこの単純作業なのです。

一度でも不動産を購入した経験のある方であれば分かると思いますが、不動産を購入するまでのプロセスというのは、

① 物件情報仕入れ
② 価格予測
③ 買い付け
④ 交渉

という4ステップを踏む必要があります。

不動産投資家は、この①～④をひたすら繰り返しています。
特に①と②は極めてシンプルな単純作業ゆえに、「AI」のほうが人間よりもはるかに適しています。

■ 不動産投資の仕組み

まずは不動産投資の仕組みについて、軽く触れておこうと思います。

＊

不動産投資の仕組みというのはシンプルで、（A）不動産（家と土地）を安く買って、高く人に貸すことで、毎月家賃収入を得る**「インカムゲイン」**と、（B）不動産を安く買って、高く売ることで得られる**「キャピタルゲイン」**という、2つの考え方があります。

言うまでもないことですが、この2つを最大化するためには、正確な賃料や売却相場を見極める、「目利き能力」が最も重要です。

また、不動産投資は「スピード勝負」の世界と言っても過言ではなく、掘り出し物の良い物件が市場に出れば、瞬く間に投資家に買われてしまいます。

■ AIを用いた価格査定

価格予測の部分を、「AI化」することを考えてみましょう。

＊

人間のプロの目利きが、過去の取引事例の経験から物件の適正価格を査定するように、「AI」による価格予測でも、過去の取引事例のデータをあらかじめAIに学習させておく必要があります。
そして、学習させるデータ量が多ければ多いほど、賢いAIに育ちます。

＊

技術的な詳細は後ほど詳しく述べますが、価格予測AIの簡単な仕組みを説明すると、以下のようになります。

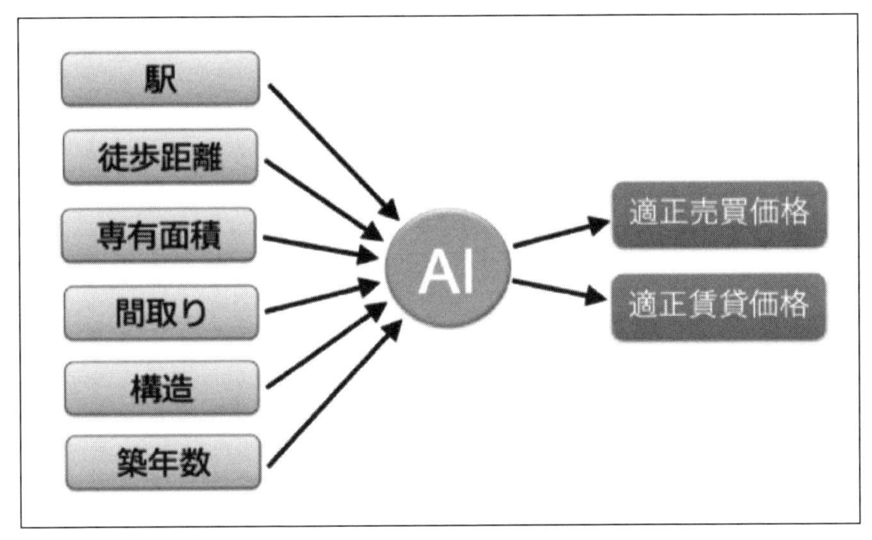

図1　価格予測AIの仕組み

たとえば、「渋谷駅」「徒歩5分」「60㎡」「3LDK」「10階」「SRC」「築30年」といった各種条件をAIに与え、その条件下で実際に「4500万で売買成約した」「家賃18万で賃貸成約した」といった既知の答をAIに覚え込ませます。

このような「条件」と「答」のペアデータをたくさんAIに学習させることで、答が未知で条件だけ与えられたときに、正確に「答え」(この場合は、「適正売買価格」と「適正賃貸価格」)を予測してくれるようになります。

AIも人間と同じで、過去取引データを多く学習させるほど、賢くなります。

*

東京都心部のような過去取引データが豊富なエリアであれば、AIの予測精度は95%を超えます。

これがどれくらいの精度かと言うと、たとえば、AIが適正価格3000万円と判断した不動産は、その後、ほとんど場合、2800万円～3200万円で実際に売買成約する、ということになります。

これは、実は「人間の目利き」とさほど変わりません。

「人間の予測精度」について、特に定量的な評価は行なっていませんが、一般的な経験則から、「プロの目利き」も、見慣れたエリアであれば、図面を一目見るだけで、ほとんど同等の精度で適正価格を言い当てることができます。

■ クローリング vs 人間による情報収集

価格予測の「精度面」で、「AI」と「人間の目利き」で、そこまで優劣つかないことが分かりました。

では、「効率面」はどうでしょうか。

実は、「AI」と「人間」で最も性能差が顕著に現われるのが、

①物件情報仕入れ

の「効率」の部分です。

この部分は、正確には、AIではなく**「クローリング」**や**「スクレイピング」**と呼ばれる分野の技術で行なわれます。

＊

「クローリング」について分かりやすく説明すると、次のようになります。

特定のWebサイトに対して、あらかじめ定めたルールに基づいて、一定周期ごとに巡回しながら自動でデータ収集を行なうロボット(プログラム)

たとえば、「○○ホーム」という「不動産ポータル・サイト」に対し、10分ごとにアクセスして、新着物件を一通り全部見た中で、「都心メガ・ターミナル周辺」で、かつ「平米単価50万以下」の条件に当てはまる物件のみを探してきてくれるロボット。

……というのが**「クローリング・ボット」**です。

＊

人力で不動産情報を収集する場合、一日数時間、「物件情報サイト」を見続けたとしても、特定のエリアに限定して、数百の物件しか見ることができません。

「不動産情報サイト」というのは、一般人がアクセスするような「販売サイト」から業者専用の「REINS」まで、毎日数千数万といった新着物件の情報が、次々と掲載されていきます。

それらすべてを、人力で、かつリアルタイムにチェックするのは不可能です。

しかし、これがロボットだと可能になり、24時間365日、膨大なネット空間にある、あらゆる不動産情報を常時監視し続けてくれます。

■ クローリング＋価格予測AI

このような「クローリング・ボット」は、「価格予測AI」と組み合わせることで、その真価を発揮します。

どんなことができるのかというと、たとえば、「日本中のすべての不動産ポータルを常時監視」し、「新着物件が上がってくるたびに自動で「AI価格予測」にかけます。

AIで査定した適正価格よりも販売価格が大幅に安い掘り出し物件のみを選定し、リアルタイムに通知させる、といったことが可能になります。

*

もちろん、ポータル・サイトによっては、「クローリング行為」を禁止していたり、「ボットによるアクセス間隔」に制限を設けていたりするなど、「クローリング」する上でさまざまなルールを守る必要があるので、現実はそう簡単にはいきません。ただ、それでも人力の情報収集よりはるかに効率的です。

現に、筆者自身も、長年、上記の仕組みでAIを活用した「不動産情報収集」と「価格予測」を行なってきました。

「AIが選んでくれた掘り出し物件」に対してのみ「自分の目で精査」し、「必要に応じて業者に問い合わせ交渉する」という役割分担で、効率良く資産形成してきました。

1-2　実装に必要なスキル

実際に、1-1節で紹介した「価格予測AI」による不動産投資の自動化を行なうには、(a)「クローリング」、および、(b)「AIの技術」――を習得する必要があります。

■ クローリングとAI技術

その際のプログラミング言語は、「Python」をお勧めします。

理由としては、Python には「機械学習アルゴリズム」(「深層学習」や「決定木アルゴリズム」)のライブラリが充実していて、データ加工するための「pandas」、データ収集のための「クローリング」や「スクレイピング・ツール」も充実しているからです。

筆者の場合、「機械学習アルゴリズム」の実装には、**「Tensorflow」**や**「LightGBM」**を利用しています。また、**「スクレイピング」**や**「クローリング」**には、**「Selenium」**（セレニウム）を用いることがほとんどです。

＊

それぞれの特徴、および実装については、また次回以降で詳細説明します。

特に「Selenium」によるブラウザ操作を用いることで、通常の「httpリクエスト」では取得できないような、「ajax」で制御されたWebサイトからでも、任意に「スクレイピング」可能になります。

また、不動産投資に限らず、日常の情報収集、ゲームの自動操作など、さまざまな場面で活用できる、非常に有用な技術です。
身につけておくと、さまざまな場面で、ライフハック（仕事の質を上げるための工夫）が可能になります。

第2章

スクレイピング

「Selenium」を用いた具体的な「データ収集の方法」、「データ解析AIの作り方」について、詳細を解説していきます。

2-1 スクレイピング技術とは

前回の記事では、AIを活用した「不動産投資の仕組み」について解説しました。

(1)「スクレイピング」や「クローリング」技術を用いてデータ収集を行ない

(2)それらのデータを利用して「価格解析AI」を構築する

ーーことで、投資効率を大きく上げることができます。

■「スクレイピング」と「クローリング」

ここでは、(1)の「**スクレイピング**」部分について、もう少し掘り下げて解説します。

「**スクレイピング**」(Scraping)や「**クローリング**」(Crawling)の技術は、インターネット上で、自動的に情報を収集する技術の総称です。

単語に明確な定義の違いはなく、「取得した情報の一部を取り出して加工する場合」は、「**スクレイピング**」と呼ぶことが多いようです。

*

「スクレイピング技術」を使えば、「人間の行動」を「ロボットにシミュレート」させることができます。

一定のルールを決めてあげることで、ロボットはそのルールに基づいて、Webサイト上を歩き回ったり、ボタンをクリックしたり、データを保存したりといった、単純作業を人間の代わりに定期的にこなしてくれます。

■「スクレイピング技術」でできること

「スクレイピング技術」を極めれば、日常生活のさまざまな場面で「ライフハック」(Life hack)できます。

*

たとえば、「旅行時のホテル予約や飛行機予約」、「イベントチケットを予約」する際などにも活用できます。

*

「Webスクレイピング」で24時間予約サイトを監視させることで、格安チケットが販売された瞬間に、最速でそれを購入できるようになります。

また、「Webゲーム」などでも活用できます。

たとえば、「ゲーム内の同じ場所で同じモンスターを倒し続けてレベルアップする」といった単純作業も、「操作パターンを定義してスクレイピングで自動化」すれば、人間が寝てる間でも無限にレベル上げてくれるようになります。

*

もちろん、今回のようなAI学習の用途でも「スクレイピング」を活用でき、人間の代わりにインターネット上のビッグデータを収集することで、精度の高いAIを構築できるようになります。

■「スクレイピング技術」の種類

「スクレイピング技術」にはさまざまなやり方があり、その用途に応じて、「言語」や「フレームワーク」を選ぶといいでしょう。

また、「スクレイピング」によってシミュレートされる「人間らしさ」の程度に応じて、次の4つのレベルに大別できます。

① HTTPリクエスト制御
② セッション制御
③ ブラウザ制御
④ GUI制御

下にいくほど、より人間の行動に近い、高度な「スクレイピング」技術になります。

*

それぞれ、簡単に説明しましょう。

①HTTPリクエスト制御

これは、単発の「HTTPリクエスト」を飛ばして「HTML」を取得するやり方です。

たとえば、以下のコマンドを実行して、GoogleのWebサイトのHTMLを取得するのが、これにあたります。

```
> curl "https://www.google.com"
```

ステートをもたない静的なWebページからの情報収集は、これのみで事足ります。

②セッション制御

「Cookie」が埋め込まれたり、ログインしてはじめて情報が得られたりするようなWebサイトを「スクレイピング」する場合、単発の「HTTPリクエスト」では不充分です。

そういった場合に、「セッション制御」のやり方を取ります。

これは、「Python」や「Ruby」といったメジャーな「スクリピント言語」であれば、どれも標準ライブラリが用意されているので、使い慣れたものを選ぶといいでしょう。

＊

「Python」を例に取る場合、以下のような簡単なコードで実装できます。

「Sessionオブジェクト」を作成して、1回目の「postリクエスト」でログインを行ない、「Session情報」を確保します。

2回目以降の「getリクエスト」で、データを取得したいターゲットのWebページにアクセスすれば、ログインされた状態でのHTMLが返るようになります。

リスト2-1　Sessionを使ったWebアクセス

```
import requests

# セッション開始
session = requests.session()

# ログイン処理
login_info = {
    "username": "user",
    "password": "pass",
}
res = session.post("http://login", data=login_info)

# ターゲットページへのアクセス
res = session.get("http://target")
```

③ブラウザ制御

単にログインすることで情報が得られる静的なWebサイトであればセッションを使うといいですが、最近ではほとんどのWebサイトで「AJAX」の動的制御が使われています。

*

「AJAX」とは、「Asynchronous JavaScript + XML」の略で、Webサイトを非同期に更新する手法です。

「AJAX」を用いない従来の静的なWebサイトでは、一つのURL(ページ)にアクセスすると、ページ全体の情報が返ってきます。

追加の情報がほしい場合は、また別のURLにアクセスしてページ全体を読み直す必要があります。

*

一方で、「AJAX」を用いたサイトでは、追加情報がほしい際に、別のURLにアクセスするのではなく、一つのページ内で、ボタンクリックなどの操作に応じて、ページ内の一部分の情報のみが書き換わります。

私たちが日々使っている「Google Map」や「Youtube」といったメジャーなサービスのほとんどが、このような「AJAX」によって制御されています。

*

「AJAX」で作られた動的なWebサイトは、「セッション制御」だけで「スクレイピング」しようとすると、かなり骨が折れます。

なぜなら、そのページに対する1回目のリクエストでは、必要最小限のHTML情報しか取れなく、多くの場合ここにほしい情報は入っていないからです。

本当にほしい情報を得るには、「AJAX」の仕組みに則って、裏で「Javas

cript」を動かして、追加でデータ取得する必要があります。

その際に役に立つのが、**「ブラウザ制御技術」**です。

*

「ブラウザ制御」とは何かと言うと、私たちが普段使っている「Internet Exploror」や「Google Chrome」、「Safari」といったWebブラウザを、「Python」や「Ruby」といったスクリプト言語で制御する技術です。

これを行なうには、専用のドライバをインストールするなど、少しだけ下準備が必要です。

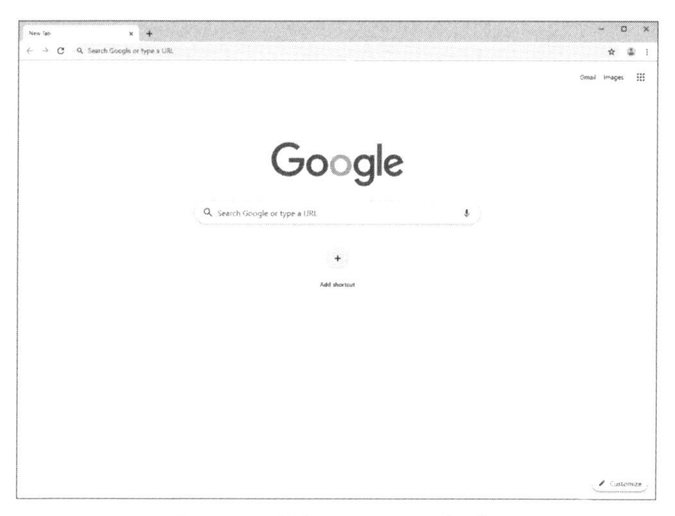

図2-1　GUI制御によるスクレイピング例

④GUI制御

「ブラウザ制御」ができるようになれば、インターネット上のほとんどの情報を「スクレイピング」できるようになります。

しかし、「iPhoneのネイティブ・アプリ」や「PCソフトウェア」からでしか情報を取得できないような特殊なケースにおいては、「ブラウザ制御」だけでは不充分です。

OSレベルでのGUIを制御し、マウス移動やクリックといった人間の動作とまったく同じように、自動化スクリプトを組む必要があります。

これを行なうには、プラットフォームごとに最適なフレームワークを使い分けるのが良く、「「Android」や「iPhone」」であれば「Appium」が、「PC環境」であれば「PyAutoGUI」がお勧めです。

＊

ここでは、4種類の「スクレイピング技術」について簡単に紹介してきました。

「Webサイトの運営者」の立場から見れば、ほとんどの場合「スクレイピング」を嫌がるので、あの手この手で「スクレイピング防止」や「検知」の仕組みを導入してきます。

しかし、ここで紹介したような、高度な「スクレイピング」技術を用いるほど、「サイト運営」側からは「人間」との区別がつかなくなり、対策し辛くなります。

とくに**「ブラウザ制御」**と**「UI制御」**に至っては、うまく実装することで、人間の動きと完全に区別がつかなくなるので、ほぼ対策不可能と言っても過言ではありません。

AI構築の用途に限らず、高度な「スクレイピング」技術は、「ライフハックする上で非常に役に立つので、基本としてしっかり身につけておくことをお勧めします。

2-2 「Python+Selenium」を用いた「Chromeスクレイピング」

ここでは、「AI」と相性がよい、「Python+Selenium」を用いた「Chromeスクレイピング」の実装を解説していきます。

■ 環境構築

2-1節では、4つのレベルのスクレイピング技術、

① HTTPリクエスト制御
② セッション制御
③ ブラウザ制御
④ GUI制御

について、一通り簡単に解説しました。

ここでは、そのうちの**レベル③「ブラウザ制御を用いたスクレイピング技術」**に焦点を当てて、詳しく解説していきます。

＊

ブラウザ制御の「スクレイピング」は、ほとんどどのスクリプト言語でも実現可能ですが、今回は「AI」と相性が良い「Python+Selenium」を用いた実装を解説します。

●Python環境

基本的に「Python3」系であれば大丈夫です。

筆者の環境では「Pythonバージョン3.7」を利用しています。

●ChromeDriver

※スクリプトから「Google Chrome」を制御するためのドライバを、あらかじめインストールしておく必要があります。

＊

自分の「Google Chrome」のバージョンを確認し、以下の公式サイトから、対応したOSと、対応したバージョンの「WebDriver」をダウンロードしておきます。

```
http://chromedriver.chromium.org/downloads
```

※筆者の環境ではバージョン「80.0.3987.149」を利用。

ダウンロードした「ChromeDriver」は、後でPythonスクリプトから読み込む必要があるため、パスを通しておく必要があります。

※ここでは分かりやすくするために、ダウンロードした「CchromeDriver」ファイルを、すでにパスが通ったディレクトリ(/user/bin/)へ移動しています。

```
> mv chromedriver /usr/bin/chromedriver
```

●Selenium

次に、「selenium」をインストールします。

「selenium」とは、スクリプトからブラウザを制御するためのライブラリで、通常はWebサイトの動作テストなどに使われます。

Pythonがインストールされている環境で、コマンドラインから、次のように実行すると、インストールできます。

```
> pip install selenium
```

■ブラウザのテスト

それでは試しに、スクリプトからブラウザを立ち上げてみましょう。

*

まずは、次のような「サンプル・コード」(crawl.py)を書いてみましょう。

リスト2-2　seleniumによるスレイピング実装

```
from selenium import webdriver


browser = webdriver.Chrome()
browser.get('https://www.google.com/')


q = browser.find_element_by_name("q")
q.send_keys('月刊IO')
q.submit()
```

コマンドラインから、このスクリプトを実行してみてください。

```
> python crawl.py
```

すると、勝手に「Google Chrome」のブラウザが立ち上がり、「Google.com」のウェブサイトにアクセスします。

そこで、検索ボックスに**「月刊IO」**という文字列が入力され、検索処理が実行されます。

＊

以下のように検索結果が表示されれば、成功です。

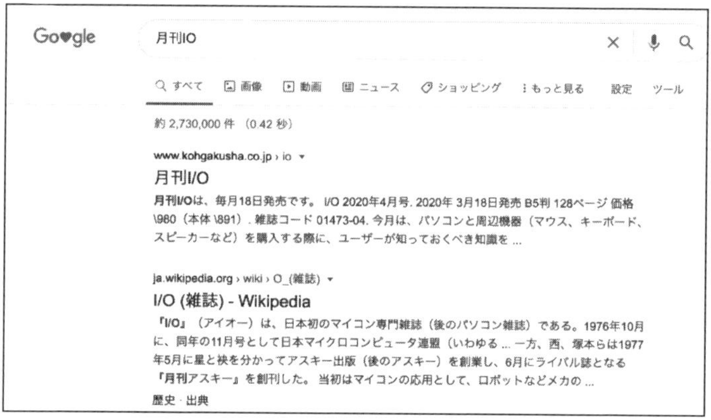

図2-2　Googleの検索結果

このように、スクリプトによるブラウザ制御は非常にシンプルです。

*

(1)「browser.get」でアクセスしたいページへ飛び、(2) browser.find_element系のメソッドで、DOMをパースする、だけです。

*

DOMパーサの凝った使い方などは、公式ドキュメントに詳しく載っているので、そちらを参考にするといいでしょう。

https://selenium-python.readthedocs.io/api.html

■ 不動産サイトの「スクレイピング」

それでは「不動産サイト」を「スクレイピング」してみましょう。

ここでは「suumo」を例に解説します。

*

まず、以下のスクリプトを書いて、同じようにコマンドラインから実行してみましょう。

リスト2-3 seleniumによるWebサイトクリック実装

```
from selenium import webdriver

url = 'https://suumo.jp/ms/chuko/tokyo/city/'

browser = webdriver.Chrome()
browser.get(url)

label = browser.find_element_by_css_selector("ul.searchitem-
list label")
label.click()
```

```
button = browser.find_element_by_link_text('検索する')
button.click()
```

＊

すると、ブラウザ立ち上がった後、suumoの「東京都のマンション検索」ページへ飛び、「千代田区」というラベルにチェックが入り、検索ボタンが押されます。

図2-3　Suumoの検索結果

このように、「千代田区の中古マンションの検索結果一覧」のページが表示されたら、成功です。

＊

次に、検索結果一覧のデータをパース（イメージを表現する）してみましょう。

以下のコードを追記して再度実行してみてください。

リスト2-4　DOM解析の実装

```
data = []
mansions = browser.find_elements_by_class_name('property_unit')
for mansion in mansions:
  name = mansion.find_element_by_css_selector('dd.dottable-
vm').text
  price = mansion.find_element_by_class_name('dottable-
value').text
  data.append([name, price])
  print(name, price)
```

ここでは、先ほどの「千代田区の中古マンション検索結果一覧」のページから、各物件の「名前」と「価格」を抽出して、配列に詰め直す処理を行なっています。

＊

以下のように、「コマンドライン」に各マンションの「名前」と「価格」の対応リストが表示されたら、成功です。

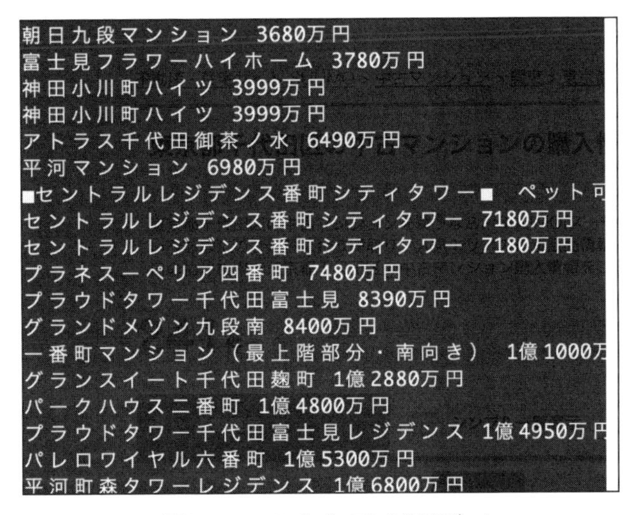

図2-4　HTMLをパースした配列データ

最後に、パースした配列をファイル保存しましょう。

＊

以下のコードを追記して再度実行してみると、先ほどの「data配列」が「json形式」で「test.json」というファイルに保存されます。

```
impot json
with open('test.json', 'w')
  json.dump(data, f, indent=4, ensure_ascii=False)
```

「test.json」の中身を開いてみて、以下のようにデータ確認できれば、成功です。

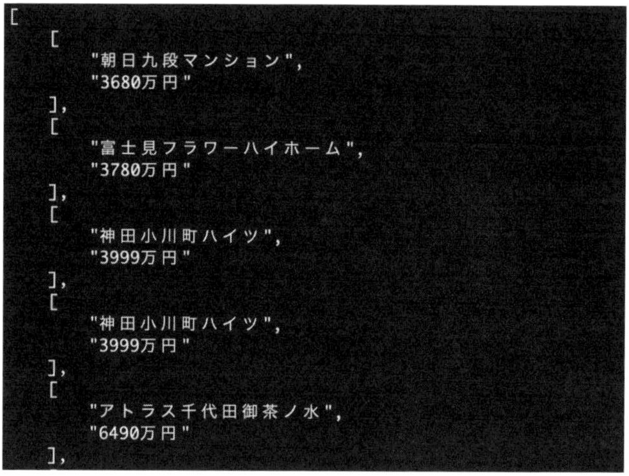

```
[
    [
        "朝日九段マンション",
        "3680万円"
    ],
    [
        "富士見フラワーハイホーム",
        "3780万円"
    ],
    [
        "神田小川町ハイツ",
        "3999万円"
    ],
    [
        "神田小川町ハイツ",
        "3999万円"
    ],
    [
        "アトラス千代田御茶ノ水",
        "6490万円"
    ],
```


図2-5　jsonの中身

■ ぜひマスターしてみよう！

ここまで、「Python+Selenium」を用いて、不動産サイトからマンション・データをスクレイピングする方法を解説しました。

本節の「サンプル・コード」では、マンションの「名前」と「価格」のみを抽出し、「jsonデータ」に保存しました。

しかし、実際にAIで学習する際には、「築年数」「面積」といった、数多くのパラメータを必要とします。

それらについても、今回解説したやり方を応用して、スクレイピングのプログラムを作り込んでいけば、Webサイトから簡単に自動収集できます。

また、本節の不動産データ収集の用途に限らず、ブラウザ制御を用いたスクレイピング技術は非常に有用なので、ぜひマスターしておくことをお勧めします。

*

次章では、スクレイピングで収集したデータを用いて、具体的に「不動産価格予測AI」を作る方法を解説する予定です。

第3章

スクレイピングのBAN対策

ここまで、「スクレイピング技術」を用いた「データ収集」を解説をしてきましたが、「スクレイピング」をする際に常に気をつけなければならないことがあります。それは、「BAN対策」です

3-1 EC2を利用した「IPアドレス偽装Proxy」

少し寄り道をして、「BAN対策」の基本である、「Proxyを用いたIPアドレス偽装技術」について解説していきます。

■ IPアドレスによる自動BAN

実は多くのWebサイトでは、「スクレイピング」や「クローラ」などのロボットによる自動データ収集を嫌っていて、対策として自動的にアクセスを遮断する機能を実装しています。

*

その中で最もメジャーなのが、「IPアドレスによる自動BAN機能」です。

「同一のIPアドレスから一定期間内に一定回数以上のアクセスがあった場合、そのIPアドレスからのアクセスを永久的に遮断する」というものです。

もちろん、大前提として、Webサイトの運営に支障が出るレベルのアクセスをしたり、利用規約で禁止されているようなクロール行為は、そもそもNGです。

しかし、常識的なアクセス頻度であったとしても、Webサイトによっては自動的にBANされるケースがあります。

また、AI学習に必要な「ビッグ・データ」をスクレイピングで集めるケースにおいては、必然的にアクセス頻度が増えてしまいがちなので、その対策をあらかじめ講じておく必要があります。

*

ここでは、このような「IPアドレス自動BAN」の対象にならないための対策として、EC2の仕組みを利用した「IPアドレス偽装プロキシ」を構築するやり方を解説していきます。

■ グローバルIPアドレス

インターネットに接続されたすべての通信機器には、一意の「グローバルIPアドレス」が割り振られています。

通信する際には、アクセスを受けたサーバ側は、一意なアクセス元を特定して情報を送り返すのに、この「IPアドレス」を参照します。

たとえば、家のPCからどこかのWebサイトにアクセスする際にも、相手側からは自分の「IPアドレス」が見えているわけです。

*

相手から自分のIPアドレスがどう見えているのかを確認したい場合は、こちらのサイトにアクセスすると表示されます。

```
http://ifconfig.io/
```

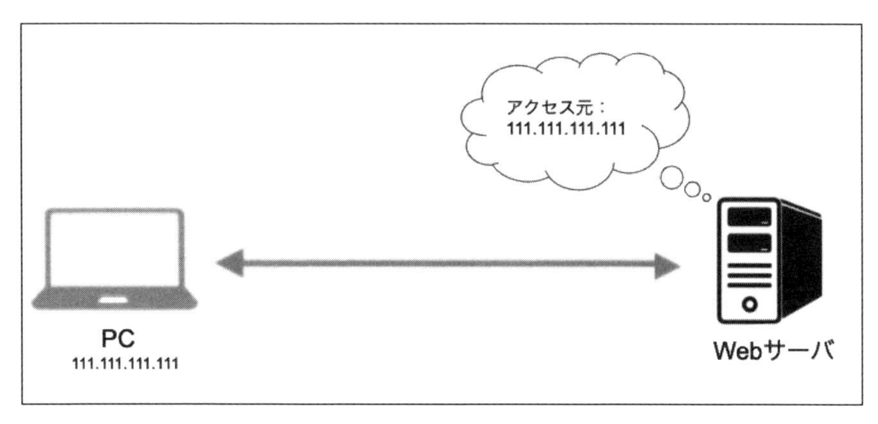

図3-1　WebアクセスのIPアドレスの仕組み

■「Proxyサーバ」の仕組み

「Proxy」とは「代理」という意味で、情報通信の分野では「中継サーバ」という意味で使われます。

Proxyにはさまざまな用途がありますが、その一つの用途に「IP偽装」があります。

*

「Webサーバ」にアクセスする際に、間に「Proxyサーバ」を介することで、相手側からは自分の「IPアドレス」が見えなくなります。

相手側は、あたかも「アクセス元＝Proxyサーバ」であるかのように見えるので、自分の本来の「IPアドレス」を隠蔽できるのです。

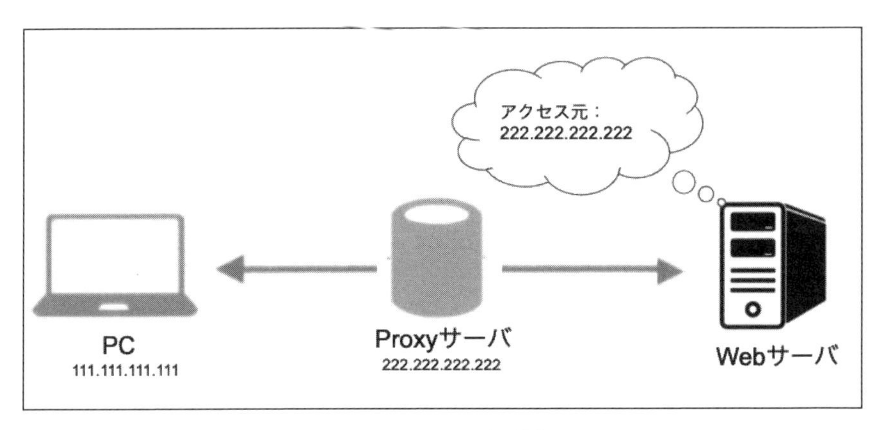

図3-2　Proxyサーバの仕組み

■ Proxyによる自動BAN回避

多くのWebサイトで実装されている「自動BAN機能」も、実はこのProxyの仕組みをうまく利用すれば、回避できるようになります。

Webサイトを「スクレイピング」する際に、ダイレクトにアクセスすると、相手側からは「同じIPによる高頻度のアクセス」と見なされて、「自動BANの検出ロジック」に引っかかりやすくなります。

*

そこで、直接アクセスするのではなく、中間に数十?数百といった複数の「Proxyサーバ」を介してアクセスを分散させます。

すると、相手側からは、「1つのアクセス元IPによる高頻度アクセス」ではなく、あたかも「複数のアクセス元からの低頻度アクセス」に見えるようになります。

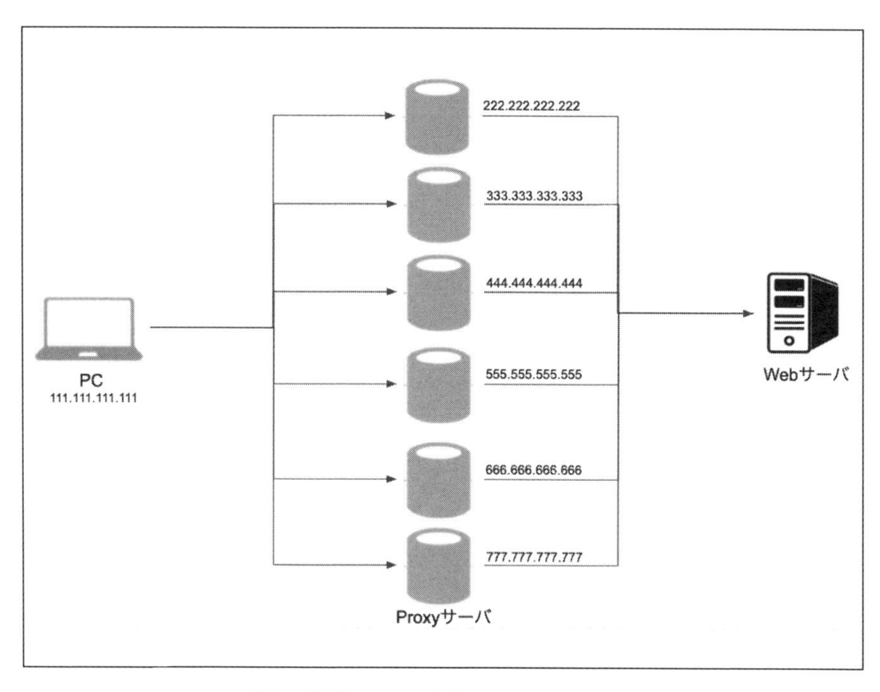

図3　複数のProxyを介しての分散アクセス

3-2 「Proxyサーバ」の構築

では、自前でProxyサーバを立てるやり方を具体的に見ていきましょう。

＊

ちなみに、「Proxyサーバ」は、一般公開されているものを利用するやり方もありますが、IPアドレスが限定されているのと、セキュリティ上あまり安全とは言えないので、自前で「Proxyサーバ」を立てことをオススメします。

■「Amazon EC2」の「Public IPアドレス」

ここでの「Proxyサーバ」の構築には、「Amazon Elastic Compute Cloud」(Amazon EC2)を利用します。

実は「EC2」の「Public IPアドレス」の仕組みというのは特殊で、新規にインスタンスを立ち上げるたびに、ランダムに1つの「グローバルIPアドレス」が割り振られる仕様になっています。

この仕組みをうまく利用すれば、異なる「IPアドレス」の「Proxyサーバ」を何千何万と簡単に量産できます。

■アカウント作成

「Amazon EC2」を利用するには「AWSアカウント」が必要です。所有していない場合は、こちらからアカウント登録しましょう。

https://portal.aws.amazon.com/billing/signup

■インスタンス作成

「AWSアカウント」でログインした後、管理画面から「インスタンス」を作ります。

OSは「Amazon Linux 2」、「インスタンス・タイプ」は無料枠の「t2.micro」で充分なので、これを選択します。

*

他はすべてマニュアルに従って、デフォルト値をクリックして進めていけば、インスタンスが作れます。

*

作り終えてしばらく待つと、ランダムな「IPアドレス」が割り振られたインスタンスが新規で立ち上ります。

その「IPアドレス」をメモしておきましょう。

＊

次に、作成したインスタンスに「ssh」でログインするための**「キーペア」**(.pemファイル)がダウンロードできるようになるので、それを落としておきます。

また、次の「chmod」コマンドで、キーペアの権限を変更しておきます。

```
> sudo chmod 400 ec2.pem
```

これで、作ったインスタンスに「リモート・アクセス」できるようになりました。

＊

「ssh」コマンドで作ったインスタンスにログインしましょう。

```
> ssh -i ec2.pem ec2-user@IPアドレス
```

■「squid」のインストール

今回作ったインスタンスを「proxyサーバ」にするために、「OSS」の「squid」を使います。

次のコマンドでインストールできます。

```
> sudo yum install squid
```

＊

インストールが完了したら、「conf」ファイルを編集して、Proxyの初期設定を書いておきます。

```
> sudo vi /etc/squid/squid.conf
```

「conf」ファイル内を探すと、

```
# INSERT YOUR OWN RULE(S) HERE TO ALLOW ACCESS FROM YOUR CLIENTS
```

…と書かれた行があるので、その行の直下に次の設定を書き込みます。

リスト3-1 squidのconfファイルの設定

```
acl myacl src all
http_access allow myacl
http_access deny all
forwarded_for off

request_header_access X-Forwarded-For deny all
request_header_access Via deny all
request_header_access Cache-Control deny all
```

この「conf」の追記内容は、「Proxyサーバ」の「httpアクセス機能」を開放して、自分がProxyであることをアクセス先に通知させないための設定です。

これをしないと、「IPアドレス」を偽装できても、「これは偽装されたProxyサーバのIPアドレスだ」と相手側に通知されてしまうので、「IPアドレス」を偽装した意味がなくなります。

＊

初期設定の編集が終わったら、以下のコマンドでProxyサーバを起動しましょう。

```
> sudo systemctl start squid
```

■ EC2セキュリティ・グループの設定

最後にEC2管理画面から「セキュリティ・グループ」の「インバウンド設定」を編集します。

EC2のデフォルト設定では、不正アクセス防止のために外部からのすべてのアクセスを遮断しています。

ですから、特定のアクセス元IPを許可してあげないと、先ほど作成した「Proxyサーバ」へのアクセスができないのです。

「インバウンド・ルール」の設定画面で、ソースの部分に自分の本当の「IPアドレス」を入力し、そこからのアクセス対してすべてのトラフィックを許可するようにしてください。

*

以上で設定は完了です。

3-3 Proxyサーバの利用

「Proxyサーバ」の構築が完了したら、ちゃんと機能しているか、確認してみましょう。

■「コマンド・ライン」から確認

「Proxyサーバ」が機能していることを確認するには、以下のコマンドを実行すると確認できます。

```
> curl ifconfig.io -x http://<ProxyのIP>:3128
```

これで先ほど構築した「Proxyサーバ」の「IPアドレス」が返ってくれば成功です。

また、Proxyを介さない場合の「IPアドレス」の確認をしたければ、「-x」オプションを外せばいいので、結果を見比べてみると分かりやすいです。

```
> curl ifconfig.io
```

■ GUIスクレイピングから利用

前回の記事で解説した、「Python+Selenium」の「GUIスクレイピング」でもProxyを利用できます。

*

まずは、Proxyを介さない場合のPythonスクリプトがこちらです。

これを実行すれば、「Google Chromeブラウザ」が自動で立ち上がり、そのまま「IPアドレス確認のWebサイト」へアクセスします。

リスト3-2　IPアドレス確認スクリプト

```
from selenium import webdriver


browser = webdriver.Chrome()
browser.get('https://www.ifconfig.io/')
```

*

次に、Proxyを介す場合のPythonスクリプトがこちらです。

リスト3-3　Proxyを介したIPアドレス確認スクリプト

```
from selenium import webdriver
from selenium.webdriver.chrome.options import Options


options = Options()
option.add_argument('--proxy-server=http://<ProxyのIP>:3128')
browser = webdriver.Chrome(options=options)
browser.get('https://www.ifconfig.io/')
```

このように、3行を追加するだけでProxyを介したWebスクレイピングができるようになります。

*

これを実行すると、先ほどと同じようにGoogle Chromeブラウザが自動で立ち上がり、IPアドレス確認のWebサイトへアクセスします。
こんどは自分の「IPアドレス」ではなく、「Proxyサーバ」の「IPアドレス」が表示されていることが確認できます。

3-4 さまざまな場面で役立つIP偽装技術

以上、EC2を用いた「Proxyサーバ」の構築、およびProxyを介したWebスクレイピングの使い方を解説しました。

*

ここで紹介した「ProxyによるIP偽装技術」と前回の「SeleniumによるGUIスクレイピング」を組み合わせれば、Webサーバ運営者からはほとんどロボットだと検知できなくなるので、「BAN対象」になりにくい、可用性の高いシステムを構築できます。

また、今回では説明の便宜上、手動でEC2インスタンスを作り「proxyサーバ」を構築する手順を解説しましたが、「EC2 CLI」と「AMI」機能を組み合わせれば、コマンド1発で「プロキシ・サーバ」を何千何万と複製できるようにもなります

これを、スクレイピング・スクリプト内に組み込めば、アクセスするたびに、もしくは数分ごとに「IPアドレス」が変わる、といった高度なこともできます。

*

このようなProxyを用いた「IPアドレス偽装技術」は、スクレイピング用途に限らず、国外などのアクセス制限されているサイトの閲覧でも非常に役に立つので、一度自分でProxyサーバを立てて、マスターしてください。

第4章

「形態素解析」を用いた「不動産ビッグデータ」の「名寄せ」

これまで、スクレイピング技術を用いたデータ収集のノウハウを解説してきました。

本章では、スクレイピングによって大規模なデータを収集できた後で、実際にそのデータをどう活用していくかの話に入っていきます。

4-1 「不動産データ」の「名寄せ」

自然言語処理のやや難しい内容も入ってきますので、理論的な話はできるだけ割愛して、「実装方法」をメインに解説していきます。

■「名寄せ」とは

不動産の大規模データベースを構築する上で、最も大きな課題の一つと言われているのが、この「名寄せ」という処理です。

「名寄せ」とは、複数箇所に分散されている重複データに、同一のIDを付与するなどして、1つのユニークなデータに統合することです。

＊

不動産の分野で言えば、たとえば次の**図4-1～図4-2**のように、3つの異なる不動産情報サイトに、マンション名がそれぞれ、

① シティータワー・トヨス
② CityTower豊洲
③ シティタワー豊洲

という風に掲載されている場合、この3つのデータは実は同じ物件情報を指しています。

それらを別々のデータとして扱うのではなく、1つのデータに統合する、というのが、「名寄せ処理」です。

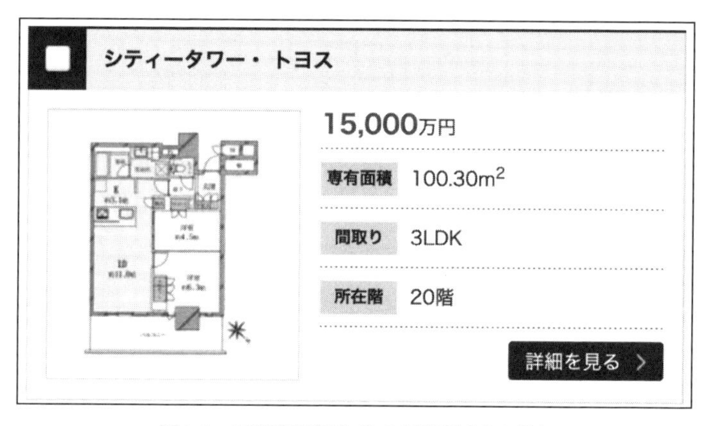

図4-1 不動産情報サイトの掲載例「その①」

1件の情報を表示しています

イメージ	間取り	価格
CityTower豊洲 7枚の写真があります	3LDK	1.5億円

図4-2 不動産情報サイトの掲載例「その②」

図4-3 不動産情報サイトの掲載例「その③」

そもそも、なぜこういった異なる表記の問題が起こりうるのかと言えば、不動産業界において、同じ物件情報でもそれを扱う仲介不動産業者が複数存在するからです。

それぞれの担当者が人力で情報をサイトに入力するので、表記ゆれが発生してしまうのです。

*

仮にこれらの情報を別々の物件として扱った場合、統合後のデータベースが無駄に肥大化したり、同じデータの出現頻度が極端に高くなったりするので、後々のAI推定精度にも影響します。

また、同じマンションの過去売買事例分析を行なう際にも、極端に売買事例が多く見えたりして、後々質の高いデータ分析ができなくなってしまいます。

ですから、複数の情報サイトからデータをスクレイピングで自動収集している場合には、この「名寄せ」の処理が必要不可欠なのです。

■ 文字列処理

では、具体的に「名寄せ」のやり方に入っていきましょう。

＊

「名寄せ」を行なうには、大きく分けて以下の3つステップになります。

① 形態素解析 ② 読みがな変換 ③ 類似度比較

①形態素解析

「形態素解析」とは、自然言語処理技術の一種です。

言葉が意味をもつまとまりの単語の最小単位を「形態素」と言い、長い文書や単語をこの「形態素」のレベルまで分解することを「形態素 解析」と言います。

＊

たとえば、上記の例では、

シティータワー豊洲

シティー / タワー / 豊洲

という3つの単語のまとまり（＝形態素）に分解できます。

この形態素解析を行なう「オープン・ソース」のライブラリは、有名なところで、「MeCab」「Janome」などがあります。

＊

今回はインストールが楽な「Janome」を使いましょう。

「Python」が入っている環境であれば、以下のコマンドでインストールできます。

```
> pip install janome
```

インストールが完了したら、次の「Pythonスクリプト」を書いて実行してみましょう。

リスト4-1　tokenizer実行スクリプト

```
from janome.tokenizer import Tokenizer


def tokenize(text):
    t = Tokenizer()
    tokens = t.tokenize(text)
    return [x.surface for x in tokens]


text1 = "CityTower豊洲"
text2 = "シティータワー豊洲"
text3 = "シティータワー・トヨス"
text4 = "Brillia豊洲タワー"


words1 = tokenize(text1)
words2 = tokenize(text2)
words3 = tokenize(text3)
words4 = tokenize(text4)


print(words1)
print(words2)
print(words3)
print(words4)
```

＊

実行結果を見てみると、次のように、最小単位の単語(形態素)ごとにマンション名が分割されていることが分かります。

```
> python test.py
['CityTower', '豊洲']
['シティー', 'タワー', '豊洲']
['シティー', 'タワー', '・', 'トヨス']
['Brillia', '豊洲', 'タワー']
```

②読みがな変換

我々人間の感覚からすると、マンション名が「英語」でも「カナ」でも「漢字」でででも、言葉に出して読んでみるとなんとなく似ているので、これはおそらく同一物件であろうことが分かります。

機械的に「名寄せ処理」するときも、これと同じことをします。

漢字を読みがなに変換する「オープン・ソース」のライブラリとしては、「kakasi」が最も有名です。

「Python」から使う場合は、以下のコマンドでインストールできます。

```
> pip install pykakasi
```

*

先ほどの「ソース・コード」の続きで、以下を追記して実行してみましょう。

リスト4-2 pykakasiの使用例

```
import pykakasi
def to_kana(words):
    kakasi = pykakasi.kakasi()
    kakasi.setMode('J', 'K')
    conv = kakasi.getConverter()
    return [conv.do(x) for x in words]
```

```
kana1 = to_kana(words1)
kana2 = to_kana(words2)
kana3 = to_kana(words3)
kana4 = to_kana(words4)

print(kana1)
print(kana2)
print(kana3)
print(kana4)
```

すると、こんどは漢字がカタカナに変換されていることが確認できます。

```
> python test.py
['CityTower', 'トヨス']
['シティー', 'タワー', 'トヨス']
['シティー', 'タワー', 'トヨス']
['Brillia', 'トヨス', 'タワー']
```

ただ、英単語に関してはうまく読みがなに変換できていないので、別の対応が必要です。

英語の読み変換は、いくつかやり方がありますが、いちばんシンプルなのはWebAPIを活用することです。

下記のコードを追記して、実行してみましょう。

リスト4-3　en_to_kanaの実装

```
import requests
import json
import re
def en_to_kana(words):
    base = "https://www.sljfaq.org/cgi/e2k_ja.cgi?o=json&word="
    headers = {'User-Agent': 'Mozilla/5.0' }
    results = []
    for word in words:
        if not re.match(r'^[a-zA-Z]+$', word):
            results.append(word)
            continue
        url = base + word
        res = requests.get(url, headers=headers)
        kana = [x["j_pron_spell"] for x in json.loads(res.
text)["words"]]
        results += kana
    return results

print(kana1)
print(kana4)
kana1 = en_to_kana(kana1)
kana4 = en_to_kana(kana4)
print(kana1)
print(kana4)
```

すると、こんどは英単語の「CityTower」も、同じように日本語読みに変換されていることが分かります。

```
> python test.py
['CityTower', 'トヨス']
['Brillia', 'トヨス', 'タワー']


['シティー', 'タワー', 'トヨス']
['ブリリア', 'トヨス', 'タワー']
```

※ここでは「WEBAPI」で英語読みに変換しましたが、不動産のマンション名には特殊な読み方ものも多く、より精度高く「名寄せ」するには、自前で英単語読み辞書などを構築すると、よりいいでしょう。

③文字列類似度比較

形態素に分割した後、最後は「文章の類似度」を比較します。

文章データは、そのままでは類似度計算できないので、一度数値データに変換する必要があります。

具体的には、「それぞれの文章が、各単語をどれくらい含んでいるか？」のベクトル情報に変換し、ベクトル同士のコサイン類似度比較をします。

＊

文字列をベクトル化するには、「TF-IDF」というアルゴリズムを使います。

これは簡単に説明すると、文章の中に何回単語が出たか（TF値）と、データ全体の中の単語の出現回数はいくらか（IDF値）を考慮した、「ベクトル化アルゴリズム」です。

「Python」の「sklearn」ライブラリで実装されているので、これをそのまま使います。

```
> pip install sklearn
```

＊

下記のコードを追記してみましょう。

リスト4-4　TF-IDFの実装

```
from sklearn.feature_extraction.text import TfidfVectorizer
from sklearn.metrics.pairwise import cosine_similarity
import numpy as np


docs = [" ".join(x) for x in [kana1, kana2, kana3, kana4]]
vectorizer = TfidfVectorizer(binary=True,use_idf=False)
vecs = vectorizer.fit_transform(docs)
print(vectorizer.get_feature_names())
print(vecs.toarray())
```

これ実行すると、以下の結果が得られます。

```
> python test.py
['シティー', 'タワー', 'トヨス', 'ブリリア']
[[0.57735027 0.57735027 0.57735027 0.        ]
 [0.57735027 0.57735027 0.57735027 0.        ]
 [0.57735027 0.57735027 0.57735027 0.        ]
 [0.         0.57735027 0.57735027 0.57735027]]
```

これは、今回比較対象の各種マンション名には、[シティ，タワー，トヨス，ブリリア]という4つのキーワードが使われていて、各マンション名で、それぞれのキーワードをどのくらいの重みで含んでいるからを表わしています。

＊

最後に、これらのベクトル同士のコサイン類似度を比較してみましょう。

下記のコードを追記して、実行しましょう。

```
similarity = np.round(cosine_similarity(vecs), 3)
print(similarity)
```

こちらが、実行結果になります。

```
> python test.py
CityTower豊洲
シティータワー豊洲
シティータワー・トヨス
Brillia豊洲タワー
[[1.    1.    1.    0.667]
 [1.    1.    1.    0.667]
 [1.    1.    1.    0.667]
 [0.667 0.667 0.667 1.   ]]
```

4つのマンション名のうち、1番目～3番目の「CityTower豊洲」、「シティータワー豊洲」、「シティータワー・トヨス」は、それぞれ互いに「類似度1」、すなわち「完全一致」という結果になりました。

＊

また、4番目の『Brillia豊洲タワー』と比較すると、「類似度0.667」と部分的に類似しているという結果が得られました。

この結果を活用することで、マンション名の類似度が「1」(もしくは「0.95などの閾値以上」)のデータを、同じものとして扱うことができ、高い精度での名寄せが可能になります。

＊

以上で、**「形態素解析」**を活用した不動産データの「名寄せ」について解説しました。

ここで解説したものはあくまでも基本的なテクニックです。

実務レベルでより高精度な「名寄せ」をするには、(a)高度な「データ・クレンジング」を行なったり、(b)自前で読みがな変換辞書を作成したり、(c)他の属性情報(住所、築年など)と組み合わせる――などの必要があります。

*

不動産データに限らず、Webなどから大規模なビッグデータを収集する際に、どうしても"表記ゆれ"などの問題が発生してしまいがちです。

それらの「重複検出ロジック」を組む際にも、今回紹介した「名寄せ技術」を参考にしてみてはいかがでしょうか。

また、今回では簡単な実装について解説しましたが、より詳しい理論的な内容について知りたい方は、ぜひ専門の書籍などで勉強してみることをお勧めします。

第5章

不動産情報における「GISデータ」の扱い

ここまで、スクレイピングを用いた「大規模なデータ収集」と、それらの不動産データに一意なIDを割り振るための、「名寄せ技術」について、解説してきました。

＊

前章では、「名寄せ」をする上で、特に大切な要素の一つである、「形態素解析」について解説しました。

続いて本章では、不動産データを扱う上で欠かせない要素の一つである、「GISデータ」について触れていきます。

5-1 「GISデータ」とは

「GISデータ」とは、「Geographic Information System」の略で、「地理情報」や「空間」に関するデータを、コンピュータ上で取り扱うためのシステムを指します。

■「GISデータ」にはさまざまな形式のデータが含まれる

「GISデータ」にはさまざまな形式なものが含まれ、広義には、「緯度/経度の情報」「空間上の2点間における経路の最短距離」「地図上のある領域を示すポリゴン・データ(緯度/経度の集合)」などがあります。

これら「GISデータ」のうち、不動産データを取り扱う上で特に重要なのが、「緯度/経度」の情報です。

*

たとえば、スクレイピングしてきた不動産情報に対して、その最寄りの学校や、病院、電車駅などの付加情報を算出するには、「マンション名」や「地名情報」などでは不充分です。

地図上における正確な位置関係を求めるには、緯度経度の「GISデータ」に、一度直しておく必要があります。

また、後々不動産の価格推定AIを構築する際にも、この「緯度/経度」の情報があるのと、ないのとでは、大きく精度に影響してきます。

5-2　MySQLで「GISデータ」を扱う

では、具体的に「GISデータ」を扱ってみましょう。

■「緯度/経度」の情報

「緯度/経度」の情報を扱うには、主に以下の3ステップが必要です。

---

①Geocodingを用いて、「住所情報←→緯度/経度情報」の変換を行なう
②「緯度/経度情報」を2次元座標として保存し、データベースを作る
③新たに与えられた「緯度/経度」情報と、データベースの各「緯度/経度」情報の平面距離を計算することで、目的の住所や場所を特定する

■ Geocoding

まず、「Geocoding」について解説します。

*

「住所情報」と「緯度/経度」の変換を行なうには、「Web API」を使います。

「Geocoding API」を公開している会社はさまざまで、有料サービスとしては「GoogleMap API」「Yahoo API」などがメジャーでしょう。

変換頻度が少なく、商用利用ではない場合は、無料公開のAPIを使う手もあります。

今回は便宜上、無料の「geocoding.jp」のAPIを使いました。

＊

使い方は簡単で、下記のWebサイトにアクセスして、「住所情報」や「マンション名」、「駅名」などを入力すると、緯度経度の情報が返ってきます。

https://www.geocoding.jp/api/

- Geocoding API version 1.2 -

Geocoding

有明シティタワー

GPS座標検索　TOKYO97風

Geocoding.jp APIについて

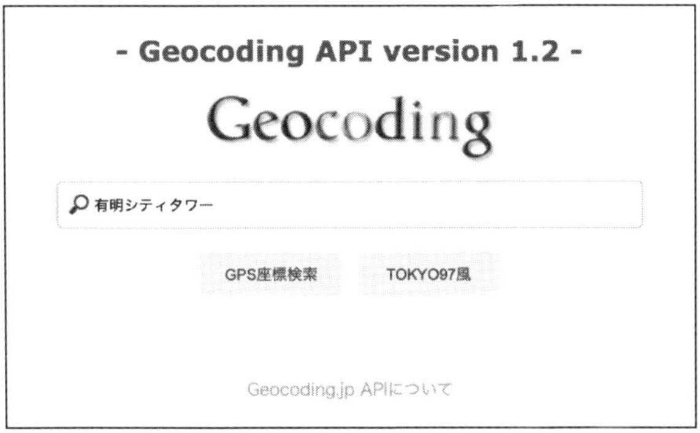

図5-1 「geocoding.jp」の入力例

This XML file does not appear to have any style information associated with it. The document tree is shown below.


```
▼<result>
   <version>1.2</version>
   <address>有明シティタワー</address>
 ▼<coordinate>
     <lat>35.636072</lat>
     <lng>139.782562</lng>
     <lat_dms>35,38,9.859</lat_dms>
     <lng_dms>139,46,57.224</lng_dms>
   </coordinate>
   <open_location_code>8Q7XJQPM+C2</open_location_code>
   <url>https://www.geocoding.jp/?q=%E6%9C%89%E6%98%8E%E3%82%B7%E3%83%86%E3%82%A3%E3%82%BF%E3%83%AF%E3%83%BC</url>
   <needs_to_verify>no</needs_to_verify>
   <google_maps>有明シティタワー</google_maps>
 </result>
```


図5-2 「geocoding.jp」の変換結果

「geocoding.jp」の場合、変換結果は「xml形式」で返ってきます。

結果のxml内における<lat>の部分が緯度(latitude)で、<lng>の部分が経度(longitude)になります。

これはブラウザからアクセスした場合の例ですが、システムに組み込んで実用化するときには、前々回で説明したような「スクレイピング技術」を使って、「geocoding」を自動化させておくといいでしょう。

*

ちなみに、上記の例では、「有明シティタワー」というマンションの緯度経度を検索し、(35.636072 139.782562)という結果が得られました。

■「MySQL」における「緯度/経度」の扱い

「緯度/経度」のデータを扱うには、(x, y)の2次元座標データとして、保存しておく必要があります。

また、それら座標データに対して、座標間の距離を計算することで、目的の住所や場所を特定できます。

これらのロジックをすべて自前で実装してもいいですが、実は「MySQL」や「Elastic Search」などのメジャーなデータベースには、これらの機能が標準的に組み込まれています。
ですから、それらを利用するのが、楽でしょう。

*

今回は最もの代表的な例として、「MySQL」での緯度/経度の扱いについて、解説します。

*

「MySQL5.7」以降では、標準搭載の「InnoDB」で「GISデータ」が扱えるようになり、また、「MySQL8.0」以降では、GIS機能が大幅にパワーアップしています。

単純な「緯度/経度」の計算するだけであれば、「MySQL5.7」で充分なので、今回はこちらを使います。

■ 全国の駅の「GISデータベース」の構築

「サンプル・データ」として、全国の駅情報のデータベースを構築してみましょう。

＊

駅情報のデータは、下記の「駅情報.jp」で無料公開されているので、これをダウンロードします。

（ただし、ダウンロードには「アカウント登録」が必要）。

```
https://ekidata.jp/
```

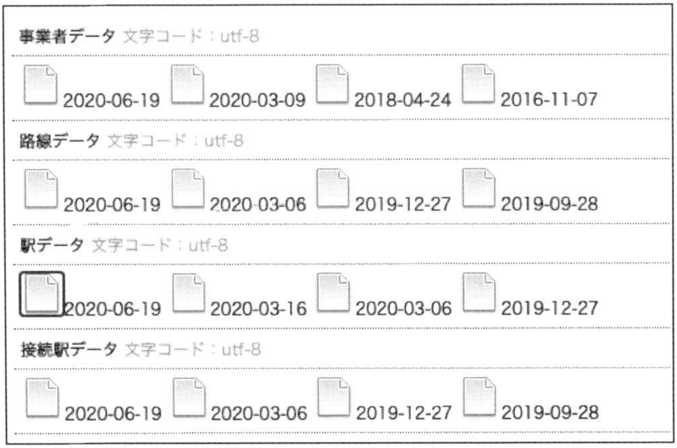

事業者データ 文字コード：utf-8
2020-06-19 2020-03-09 2018-04-24 2016-11-07
路線データ 文字コード：utf-8
2020-06-19 2020-03-06 2019-12-27 2019-09-28
駅データ 文字コード：utf-8
2020-06-19 2020-03-16 2020-03-06 2019-12-27
接続駅データ 文字コード：utf-8
2020-06-19 2020-03-06 2019-12-27 2019-09-28

図5-3　「駅情報.jp」の「ダウンロード・リンク」

「アカウント登録」した後に、上記の「ダウンロード・ページ」に飛べるようになるので、こちらで最新の「駅データ」の項目を、ダウンロードしておきます。

ダウンロードしたファイルは、以下のような「csv形式」になっているはずです。

station_cd	station_g_cd	station_name	s	s	line_cd	pref_cd	post	address	lon	lat	open_ymd	close_ymd	e_status	e_sort
1110101	1110101	函館			11101	1	040-0063	北海道函館市若松町１２-１３	140.726413	41.773709	1902-12-10	0000-00-00	0	1110101
1110102	1110102	五稜郭			11101	1	041-0813	函館市亀田本町	140.733539	41.803557	0000-00-00	0000-00-00	0	1110102
1110103	1110103	桔梗			11101	1	041-0801	北海道函館市桔梗３丁目４１-３６	140.722952	41.846457	1902-12-10	0000-00-00	0	1110103
1110104	1110104	大中山			11101	1	041-1121	亀田郡七飯町大字大中山	140.71358	41.864641	0000-00-00	0000-00-00	0	1110104
1110105	1110105	七飯			11101	1	041-1111	亀田郡七飯町字本町	140.688556	41.886971	0000-00-00	0000-00-00	0	1110105
1110106	1110106	新函館北斗			11101	1	041-1242	北海道北斗市市渡	140.646525	41.9054	1902-12-10	0000-00-00	0	1110106
1110107	1110107	仁山			11101	1	041-1101	亀田郡七飯町字仁山	140.635183	41.930011	0000-00-00	0000-00-00	0	1110107
1110108	1110108	大沼			11101	1	041-1354	北海道亀田郡七飯町字大沼町４	140.669347	41.971954	1903-06-28	0000-00-00	0	1110108
1110109	1110109	大沼公園			11101	1	041-1354	北海道亀田郡七飯町字大沼町８５	140.669758	41.980958	1907-06-05	0000-00-00	0	1110109
1110110	1110110	赤井川			11101	1	049-2142	茅部郡森町字赤井川	140.642678	42.003267	0000-00-00	0000-00-00	0	1110110
1110111	1110111	駒ケ岳			11101	1	049-2300	北海道茅部郡森町字駒ヶ岳	140.610476	42.038809	0000-00-00	0000-00-00	0	1110111
1110112	1110112	東山			11101	1	049-2141	茅部郡森町字駒ケ岳	140.605222	42.06172	1943-02-26	2017-03-04	2	1110112
1110113	1110113	姫川			11101	1	049-2306	茅部郡森町字姫川	140.591632	42.081312	1951-05-19	2017-03-04	2	1110113
1110114	1110114	池田園			11101	1	041-1352	亀田郡七飯町字軍川	140.700333	41.990692	0000-00-00	0000-00-00	0	1110114
1110115	1110115	流山温泉			11101	1	041-1351	亀田郡七飯町字東大沼２３６	140.716358	42.003483	0000-00-00	0000-00-00	0	1110115
1110116	1110116	銚子口			11101	1	041-1351	亀田郡七飯町字東大沼	140.720656	42.015471	0000-00-00	0000-00-00	0	1110116
1110117	1110117	鹿部			11101	1	041-1404	茅部郡鹿部町字本別	140.771393	42.06439	0000-00-00	0000-00-00	0	1110117
1110118	1110118	渡島沼尻			11101	1	049-2223	茅部郡森町砂原東４丁目	140.747596	42.10706	0000-00-00	0000-00-00	0	1110118
1110119	1110119	渡島砂原			11101	1	049-2222	茅部郡森町砂原４丁目	140.689451	42.12164	0000-00-00	0000-00-00	0	1110119
1110120	1110120	掛澗			11101	1	049-2221	茅部郡森町砂原西３丁目	140.64598	42.119205	0000-00-00	0000-00-00	0	1110120
1110121	1110121	尾白内			11101	1	049-2301	茅部郡森町字尾白内町	140.613449	42.111232	0000-00-00	0000-00-00	0	1110121
1110122	1110122	東森			11101	1	049-2302	茅部郡森町字港町	140.59353	42.106823	0000-00-00	0000-00-00	0	1110122
1110123	1110123	森			11101	1	049-2325	茅部郡森町字本町	140.573846	42.108917	0000-00-00	0000-00-00	0	1110123
1110124	1110124	桂川			11101	1	049-2321	茅部郡森町字鷲ノ木町	140.5427876	42.1156004	1944-09-30	2017-03-04	2	1110124
1110125	1110125	石谷			11101	1	049-2464	茅部郡森町字本茅部町	140.506525	42.135519	0000-00-00	0000-00-00	0	1110125
1110126	1110126	本石倉			11101	1	049-2463	茅部郡森町字石倉町	140.471957	42.159668	0000-00-00	0000-00-00	0	1110126
1110127	1110127	石倉			11101	1	049-2463	茅部郡森町字石倉町	140.458436	42.17285	0000-00-00	0000-00-00	0	1110127
1110128	1110128	落部			11101	1	049-2562	二海郡八雲町落部	140.420755	42.187617	0000-00-00	0000-00-00	0	1110128
1110129	1110129	野田生			11101	1	049-2672	二海郡八雲町野田生	140.37586	42.217104	0000-00-00	0000-00-00	0	1110129
1110130	1110130	山越			11101	1	049-2671	二海郡八雲町山越	140.326593	42.231172	0000-00-00	0000-00-00	0	1110130
1110131	1110131	八雲			11101	1	049-3107	二海郡八雲町本町	140.273342	42.253391	0000-00-00	0000-00-00	0	1110131
1110132	1110132	鷲ノ巣			11101	1	049-3122	二海郡八雲町花浦	140.269919	42.278389	1987-04-01	2016-03-26	2	1110132

図5-4　「駅データ」の「csvファイル」

「駅名」「住所」「緯度/経度」の他に、外部テーブルと結合するための、「駅ID」などの情報もあります(今回は特に使わないので、無視しても大丈夫)。

＊

次に、「データベース」を構築します。

「MySQL5.7」以上ある環境で、以下を実行します。

リスト5-1 テーブル作成SQLクエリ

```
CREATE TABLE station (
  id int(11) unsigned NOT NULL AUTO_INCREMENT,
  name text,
  location geometry NOT NULL,
  PRIMARY KEY (id)
) ENGINE=InnoDB AUTO_INCREMENT=13 DEFAULT CHARSET=utf8;
```

すると、「id」「name」「location」の3つのカラムをもつ「station」というテーブルが作られます。

「stationテーブル」の「locationカラム」が「geometry型」で、ここに「緯度/経度」の情報を格納します。

*

次に、「csvファイル」から「MySQLデータベース」にデータを流し込みます。

「csvファイル」から、「駅名」「緯度」「経度」の列を取り出して、以下ように流し込めばOKです（「python」や「ruby」などの、スクリプトを使うと楽です）。

リスト5-2 テーブルへデータインポートするSQLクエリ

```
INSERT INTO station (name, location) VALUES
("函館", GeomFromText("Point(140.726413        41.773709)")),
("五稜郭", GeomFromText("Point(140.733539      41.803557)")),
("桔梗", GeomFromText("Point(140.722952        41.846457)")),
("大中山", GeomFromText("Point(140.71358       41.864641)")),
("七飯", GeomFromText("Point(140.688556        41.886971)")),
("新函館北斗", GeomFromText("Point(140.646525  41.9054)")),
("仁山", GeomFromText("Point(140.635183        41.930011)")),
```

```
("大沼", GeomFromText("Point(140.669347    41.971954)")),
("大沼公園", GeomFromText("Point(140.669758 41.980958)"));
```

これで、緯度経度をもった「stationテーブル」が完成しました。

＊

最後に、この構築した「stationテーブル」を使って、「緯度/経度」を検索してみましょう。

＊

冒頭の「geocoding」の解説で、「有明シティタワー」を例にとって、その「緯度/経度」が、(35.636072 139.782562)だと分かりました。

ここでは、得られた「有明シティタワー」の「緯度経度」を使って、その最寄り駅を検索してみましょう。

＊

実は検索処理はシンプルで、構築ずみの「stationテーブル」に対して、以下のようなクエリを発行すればできます。

リスト5-3　緯度経度を使った距離検索のSQLクエリ

```
select name, GLENGTH(GEOMFROMTEXT(CONCAT(
'LineString(35.636072 139.782562,', X(location),' ',Y(location), ')'
))) * 40075000 / 360
AS distance
from station
order by distance
limit 3;
```

このクエリは、「テーブル」のすべての「駅レコード」の「緯度/経度座標」に対し、シティタワー有明の座標(35.636072 139.782562)との直線を引いて、その線分の長さが短い順から、3つ抽出するというものです。

＊

ここでは、検索結果を分かりやすく表示するために、以下のような変換処理での「緯度/経度」を「メートル表記」に直しています。

```
* 40075000 / 360
```

実行結果は、図5-5のようになりました。

station_name	distance
お台場海浜公園	824.1933045467837
有明テニスの森	826.0531963713564
国際展示場	1024.8360255850046

図5-5 「有明シティタワー」の「最寄り駅」の検索結果

今回の検索結果では、「有明シティタワー」の最寄り駅が「お台場海浜公園」で、直線距離で、約824メートルであることが分かりました。

また、その次に近いのが「有明テニスの森駅」で、直線距離は約826メートル、三番目に近いのが「国際展示場駅」で、約1024メートル離れているという結果になります。

＊

以上で、「GISデータを扱うためのデータベース構築」と、「住所情報←→緯度/経度情報に変換するためのgeocoding」について、解説してきました。

今回の例で挙げたような「最寄り駅」検索だけでなく、不動産データを扱う上で、「名寄せ」や「価格推定」といった、あらゆる場面で「GISデータ」が必要になってきます。

また、不動産サービスだけでなく、最近では「飲食サービス」「オートモーティブ」といった、あらゆるサービスに「GISデータ」が組み込まれているので、エンジニアのたしなみとしても、ぜひマスターしておくことをお勧めします。

第6章

「lightGBM」を使った不動産価格予測

これまで、①「スクレイピング」を用いた大規模な「データ収集」、②収集したデータに対し一意なIDを割り振るための「名寄せ技術」、③「GISデータの扱い」――について解説してきました。

本章では、それら処理ずみのデータを用いて、実際に、「価格予測AI」を作る方法を解説します。

6-1 なぜ「AI」で「価格予測」をするのか

朝から晩までパソコンの前に張り付いていても、処理が追いつかない不可能な作業があります。

しかし、プログラムを使えば、不可能だったことが可能になります。

これまで人間がしてきたプロセスを、「すべて自動化」してみましょう。

■ 現実に溢れる「アナログ作業」

1章でも触れましたが、従来の不動産投資(売買)のプロセスは、非常に“アナログ”です。

毎日毎日、不動産市場に上がってくる新着物件を、人間が1件1件人力で「目利き査定」をし、過去の「類似物件を検索」したり、「周辺環境の分析」をします。

その上で、「買付け交渉をする」――という流れです。

＊

日本の不動産市場では、全国で毎日1万5000件～万件の物件が新規登録、もしくは価格更新されています。

人間が毎日朝から晩までパソコンの前に張り付いてても、それらすべてに目を通すことは、物理的に不可能です。

そこで、人間の代わりに「クローラ」で不動産データを「自動収集」し、「データベース化」して、さらに「AI」で「自動的に価格予測」させます。

そうすることで、これまで人間がしてきたようなプロセスを、"すべて自動化"できるようになります。

6-2 不動産 価格予測 AI

「AI」による価格予測でも、過去の取引事例のデータを、あらかじめ「AI」に学習させておく必要があります。

そして、学習させるデータ量が多ければ多いほど、"賢い「AI」"に育ちます。

■「価格予測AI」の仕組み

「価格予測AI」の簡単な仕組みを説明すると、図6-1のようになります。

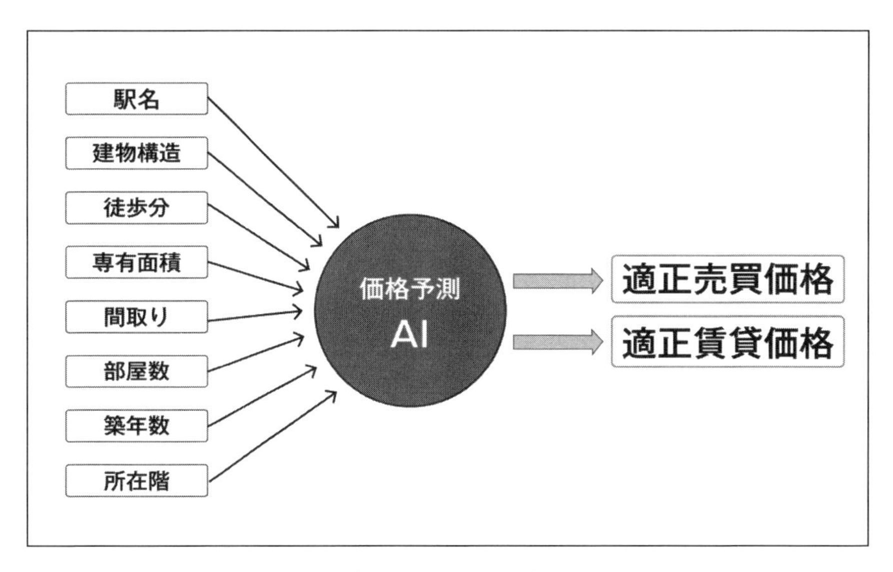

図6-1 「不動産価格予測AI」の仕組み

たとえば､｢渋谷駅｣｢徒歩5分｣｢60㎡｣｢3LDK｣｢10階｣｢SRC｣｢築30年｣といった､各種条件を｢AI｣に与えます。

その条件下で､実際に､｢4500万で売買成約した｣｢家賃18万で賃貸成約した｣といった､｢既知の答え｣をAIに覚え込ませます。

このような｢条件｣と｢答え｣のペア・データを､たくさんAIに学習させることで､答えがどのようなものか分からない未知の場合であっても､条件だけ与えられれば､正確に答え[*1]を予測してくれるようになります。

*1 この場合は｢適正売買価格｣と｢適正賃貸価格｣。

6-3 「不動産価格予測AI」の実装

では、実際に「価格予測AI」を作っていきましょう。

*

ここでは、「LightGBM」と呼ばれる、オープン・ソースのモデル構築手法を使って、「AI」を作ります。

■「LightGBM」について

「LightGBM」は、「Kaggle」(https://www.kaggle.com/)などのデータ分析コンペティションで、最上位の解法としても頻繁に用いられる、非常に強力な機械学習モデルです。

「カテゴリカル変数」や「欠損値」「外れ値」などに対する前処理が不要であったり、「説明変数別の重要度」を簡単に得られたりと、使い勝手の面で便利です。

また、動作も高速であるため、初めてのデータに対する、「ベースライン・モデル」を作る際にも有用です。

■「学習データ」について

今節は、すでに「クローリング」で収集ずみのマンション売買データがある前提で、「学習」について解説していきます。

「データの収集方法」については、ここまでの記事を参照してください。

*

また、今節の学習に利用するデータは、以下の「csv」フォーマットになります。

データの各行が、それぞれ「駅名」「建物構造」「徒歩分」「専有面積」「間取り」「部屋数」「築年」「所在階」という、予測の入力に使う8要素に、予測したい目的変数である「成約価格」を加えた、9つの列をもつ「csv形式」になります。

```
駅名,建物構造,徒歩分,専有面積,間取り,部屋数,築年,所在階,成約価格
大門,SRC,5,66,K,1,200003,33,81000000
汐留,RC,8,55,R,1,201708,16,81600000
赤坂見附,SRC,4,60,DK,1,198300,30,77600000
六本木一丁目,RC,8,53,DK,1,201204,44,75500000
表参道,RC,6,35,R,1,200510,2,47700000
外苑前,SRC,2,47,K,1,200607,13,71600000
表参道,SRC,6,48,K,2,200610,4,69800000
溜池山王,RC,5,146,K,3,200002,6,224900000
六本木,SRC,4,80,DK,2,198010,3,76900000
```

図6-2 中古マンションの売買事例データ

事前に、データを**図6-2**のようなフォーマットに整形しておいてください。

■ 学習環境

今回も「Python」を利用します。

筆者の環境では、「Pythonバージョン3.7」を利用していますが、「Python3系」であれば、基本なんでも大丈夫です。

＊

次に、必要なパッケージをインストールします。

以下の「pip」コマンドで、機械学習に必要なパッケージをインストールしましょう。

```
> pip install numpy scikit-learn
> pip install pandas lightgbm
```

一応解説しておくと、ここでインストールしている「numpy」は、数値演算の基本ライブラリで、「scikit-learn」は機械学習でよく使うツールがまとめられたパッケージです。

また、「pandas」は機械学習用のデータロード、整形するためのもので、「lightgbm」は今回用いる機械学習のモデル(アルゴリズム)が入ったライブラリになります。

*

インストールが完了したら、実装に入ります。

まずは、ソース・コードの最初で、以下をすべてimport*2しておいてください。

*2 「jupyter notebook」などを使うと、インタラクティブに実行できるので、オススメ。

リスト6-1 機械学習用のライブラリをインポート

```
import os
import sys
import numpy as np
import pandas as pd
import lightgbm as lgb
from sklearn.model_selection import train_test_split
```

■ データ読み込み

以下のコードを実行して、「data.csv」から事前に準備したデータセットをすべて読み込みます。

また、「train_test_split」で、読み込んだデータを、「学習用」と「テスト用」に分離しましょう。

＊

ここでは読み込んだ全データのうち、5000件を「testデータ」とし、残りをすべて「学習データ」とします。

リスト6-2 pandasを使ったcsvデータ読込み

```
# data load
data = pd.read_csv("data.csv")

# train test split
train_data, test_data = train_test_split(data, test_size=
5000, random_state=0)
```

■ 特徴作成

次に、読み込んだデータを使ってモデルを学習させるために、モデルが解釈しやすいようにデータを加工します。

このような加工されたデータは、「目的変数」[*3]の傾向を表わすことから、「特徴」や「説明変数」などと呼ばれ、この加工の作業を「特徴作成」などと言います。

*3 予測したい変数のこと。ここでは予測される価格のこと。

＊

「特徴作成」は、モデルを学習させるための「trainデータ」と、実際に予測を行なう「testデータ」の両方で同じ処理をする必要があるので、関数化して使い回せるようにすると便利です。

＊

ここでの関数の内部では、築年月の1900年からの経過秒数への変換と、所在階の地下表記の修正を行ないます。

また、駅名などのカテゴリカルな特徴は、“category”タイプとして保持しておくことで、「LightGBM」に“カテゴリカルな特徴である”という情報を渡せるようにしておきます。

リスト6-3　特徴データの作成関数

```
def create_feature(data):
  feature = data[["駅名", "建物構造", "徒歩分", "専有面積", "間
取り", "部屋数", "築年", "所 在階"]].copy()
  feature["築年"] = pd.to_datetime(feature["築年"].fillna(0).
astype(int).astype(str ), format="%Y%m", errors="coerce")
  feature["築年"] = (feature["築年"] - pd.to_datetime
("1900-01-01")).dt.total_secon ds()
  feature["所在階"] = feature["所在階"].str.replace('B', '-')
.astype(int) #地下表記を数 字に変換
  cat_cols = ['駅名', '建物構造', '間取り']
  feature[cat_cols] = feature[cat_cols].astype("category")
  feature = feature.rename(columns={'駅名': 'station', '建物
構造': 'structure', '徒歩分': 'walk_min', '専有面積': 'area',
'間取り': 'type', '部屋数': 'room', '築年': 'year', '所在階':
'floor'})
  return feature


X_train = create_feature(train_data)
y_train = train_data["成約価格"]
```

「特徴作成」を行なう関数を作ったら、「trainデータ」を入力して、「特徴作成」をします。

また、同時に「成約価格」の情報を抜き出して、「目的変数」(y_train)を作っておきましょう。

■ 「LightGBM」の学習

作成した「特徴」と「目的変数」を使って、いよいよ「LightGBM」を学習させていきます。

*

ここで重要なのが、実際の学習に用いるデータと、学習の進捗を確認するためのデータ（validデータ）を、分けておくことです。

「LightGBM」に限らず、どのような機械学習モデルでも、学習対象となっているデータに対して適合し過ぎてしまい、それ以外のデータに対して、想定どおりの性能を発揮できないという問題が発生します。

これを「オーバーフィット」（過適合、過学習）と呼び、機械学習を行なうときには、常に気を付なくてはならない深刻な問題です。

*

そうした問題への対策として、「validデータ」を用意します。

「学習対象」とは別に、評価用の「validデータ」を用意し、「validデータ」に対する性能を逐次確認しながら学習を進めます。

そうすることで、学習対象のみにオーバーフィットをする前に学習を止めることができるというわけです。

*

注意すべきなのは、先に分離しておいた「testデータ」を「validデータ」として使ってはいけないということです。

繰り返しになりますが、「testデータ」は、実運用時の入力データと同じ扱いであり、学習時には利用できないデータであるためです。

*

以下のコードでは、まず「学習に使用のデータ」(X_trainとy_train)と、「validデータ」(X_valとy_val)を分離しています。

[手順]

[1] まずは、全体の5000件のデータを、「validデータ」とすることにしました。

[2] 続いて、各データを、「LightGBM」に入力可能な専用の「dataset」に変換し、学習のさせ方を指定する「ハイパーパラメータ」(hyper parameter) を設定しています。

※「LightGBM」には非常に多くの種類の「ハイパーパラメータ」があるのですが、各々にデフォルト設定があるので、すべてを指定しなくても大丈夫です。

*

※ここでは、「正解」と「予測値」との「二乗誤差」(RMSE)を最適化させること、その際の「学習率」を「0.1」とすること、1回の学習で使う「決定木の深さ」の最大値は「4」とすること、を指定しています。

[3] 最後に、作成した「学習用データ」と「validデータ」、「parameter」を使って、学習をしています。

※「num_boost_round」にて「10000イテレーション学習を繰り返す」ように指定していますが、「validデータ」への精度が100イテレーションに渡って良化しない場合は、「オーバーフィット」だと判断して、学習を停止する「early_stopping_rounds」という項目を指定します。

リスト6-4　LightGBMの学習処理

```
X_trn, X_val, y_trn, y_val = train_test_split(X_train, y_tra
in, test_size=5000, random_state=0)
lgb_dataset_trn = lgb.Dataset(X_trn, label=y_trn, categoric
al_feature='auto')
lgb_dataset_val = lgb.Dataset(X_val, label=y_val, categoric
al_feature='auto')

params = {
 'objective' : 'rmse',
 'learning_rate' : 0.1,
 'max_depth' : 4,
}
model = lgb.train(
 params=params,
 train_set=lgb_dataset_trn,
 valid_sets=[lgb_dataset_val],
 num_boost_round=10000,
 early_stopping_rounds=100,
 verbose_eval=100
)
```

これを実行する学習が開始され、2150イテレーション付近(筆者の環境では2148イテレーション目)で、学習が停止する結果になりました。

```
[100]	valid_0's rmse: 5.23892e+06
[200]	valid_0's rmse: 4.65953e+06
[300]	valid_0's rmse: 4.40304e+06
[400]	valid_0's rmse: 4.24161e+06
[500]	valid_0's rmse: 4.11225e+06
[600]	valid_0's rmse: 4.02558e+06
[700]	valid_0's rmse: 3.96e+06
[800]	valid_0's rmse: 3.91533e+06
[900]	valid_0's rmse: 3.87899e+06
[1000]	valid_0's rmse: 3.85354e+06
[1100]	valid_0's rmse: 3.82572e+06
[1200]	valid_0's rmse: 3.81085e+06
[1300]	valid_0's rmse: 3.78757e+06
[1400]	valid_0's rmse: 3.77192e+06
[1500]	valid_0's rmse: 3.75903e+06
[1600]	valid_0's rmse: 3.74787e+06
[1700]	valid_0's rmse: 3.73676e+06
[1800]	valid_0's rmse: 3.72712e+06
[1900]	valid_0's rmse: 3.71579e+06
[2000]	valid_0's rmse: 3.70824e+06
[2100]	valid_0's rmse: 3.70422e+06
[2200]	valid_0's rmse: 3.70161e+06
Early stopping, best iteration is:
[2148]	valid_0's rmse: 3.70058e+06
```

図6-3 学習が停止した様子

■「学習結果」の確認

最後に、学習結果を確認してみましょう。

＊

学習では、「正解」と「予測値」との「二乗誤差」(RMSE)を最適化させることで行ないましたが、結果の確認では、実際の成約価格との誤差をパーセンテージで表わす、「Mean Absolute Percentage Error」(MAPE)で評価することにします。

リスト6-5 LightGBMの誤差検証処理

```
# validの確認
def calc_mape(y_true, y_pred):
data_num = len(y_true)
mape = (np.sum(np.abs(y_pred-y_true)/y_true)/data_num)*100
return mape
```

```
train_pred = model.predict(X_train)
train_mape = calc_mape(y_train.values, train_pred) val_pred
= model.predict(X_val)
val_mape = calc_mape(y_val.values, val_pred) print(f'train
mape : {train_mape:.3f}%') print(f'valid mape : {val_mape:.
3f}%')
```

こちらのコードを実行すると、学習データでの誤差は「4.408％」、validデータの誤差は「5.629％」ということが分かりました。

重要なのはvalidデータの誤差で、これはつまり、今回作成したAIでは、未知の不動産データに対して、「約94.317％」の精度で価格を予測できていることになります。

```
train mape : 4.408%
valid mape : 5.629%
```

図6-4　学習結果の確認

■ 不動産価格予測AIの活用

さて、ここまでで価格推定AIの学習が完了しました。さっそく、使ってみましょう。

＊

たとえば、以下のような条件の不動産物件が、いくらで成約するかを推定させてみます。

学習したデータから、成約価格がいくらになるのかを予測します。

もちろん、これとまったく同じ条件の物件を、学習データとして使っていなくても大丈夫です。

駅名: 新橋
建物構造:SRC
徒歩分: 10
専有面積:30
間取り: R
部屋数: 1
築年数: 1980/01

これらの条件を、次のようにプログラムに入力します。
「成約価格」のところは、「-1」と入力します。

リスト6-6 学習済みモデルを使った価格予測

```
data = data.append(pd.DataFrame.from_dict({
  "駅名": ["新橋"],
  "建物構造": ["SRC"],
  "徒歩分": [10],
  "専有面積": [30],
  "間取り": ["R"],
  "部屋数": [1],
  "築年": ["198001"],
  "所在階": ["5"],
  "成約価格": [-1],
})).reset_index(drop=True)
X = create_feature(data) model.predict(X[-1:])
```

以上を実行した結果、「array([20969716.33859981])」と返ってきました。

これは、「2096万9716円」を表わしています。

つまり、この条件の物件は、「2096万9716円で成約する」と予測しているわけです。

■「AIテクノロジー」を活用して！

いかがでしょうか。

ここでは、「LightGBM」を用いた、「不動産価格予測AI」の作り方について解説しました。

*

これまでに解説してきた「クローリングbot」と、今回の「不動産価格AI」を組み合わせることで、リアルタイムで日本中のあらゆる不動産データを収集し、それらの価格分析を自動化できます。

日本全国では毎日1万5000件?2万件の物件が、新規登録もしくは価格更新されています。

ですから、ぜひ「AIテクノロジー」を活用して、その宝の海の中から、“原石”となる最もお買い得な物件を見つけてみてください。

第7章

「RESAS-API」で「地域人口データ」を扱う

これまでの「スクレイピング」の話から少し逸れますが、環境データの「取得」や「扱い」について解説します。

7-1 「将来価値予測」と「機械学習の限界」

「スクレイピング」に関するここまでの話と、「AIや機械学習の限界」について、少しお話しします。

■ ここまでの話

これまでで、「スクレイピング」を用いた大規模な「データ収集」や、収集したデータを使いやすくするための「加工」、さらにはそれらを使った不動産価格の「予測モデルの作り方」を解説してきました。

*

これまで解説してきた内容を組み合わせることで、現在の市場価値よりも割安な不動産を、いち早く見つけることができるようになります。

不動産投資家の目線に立ったときに、その不動産が現在割安かどうかだけでなく、近隣の「再開発計画」「人口増減率」「平均賃金」などの、「周囲環境のデータ」から、その不動産の将来の「伸びしろ」も、投資判断の対象になります。

*

そこで、今回は少し寄り道して、「環境データ」の取得方法やその扱いについて、見ていきたいと思います。

■ AIは遠い将来の予測などできない

“「AI」「機械学習」を使った予測”と言うと、よく万能なイメージをもたれがちです。

筆者もよく、「AIを使って未来予測すれば、どんな投資でも勝てるんじゃないか？」などという質問を受けることがあります。

しかしながら、それらのイメージはすべて間違いで、本当の「AI」というのは、実は遠い将来の予測などできないのです。

「AI」にできることは、過去の経験則を学習して、現在、もしくは現在からほんの少しだけ未来(数秒、数分先)を予測することしかできません。

*

投資の世界で「AIを使った事例」と言うのも、実は細かく見ていくと、ほとんどがデイトレードや、ごく短い期間での価格変動を予測して、短期間で売買を繰り返すというものです。

本当の投資の世界では、「人口」「経済」「政治」など、予測不可能な外部要因や突発的なインシデントが多く付きまといます。
そのため、数カ月後、数年後に伸びしろのある株を、「AI」で予測することなど不可能なのです。

*

不動産投資の世界においても、この制限は例外ではありません。

「機械学習」を使った予測は、あくまでも“現在価値”の予測であって、「現在の売値が市場の適正価格よりどれくらい割安か」しか、分からないのです。

＊

もちろん、これだけでも充分価値はあるのですが、本当の不動産投資の世界では、「人口増減率」「平均賃金」など、もっといろんな外部要因を総合的に考慮して、その不動産が10年後、20年後にどれくらいの価値を保てるか、値上がる可能性があるか、まで考慮する必要があります。

この「遠い将来の予測」というのは、正に「AI」が苦手とする分野なので、別の手段と組み合わせて補う必要があります。

＊

今回は、その一つの手法である、「RESAS」(地域経済分析システム)を使った、「地域人口データの扱い」について解説していきます。

7-2 「RESAS」とは

「RESAS」(リーサス)とは、「Regional Economy and Society Analyzing System」の略で、経済産業省と内閣官房が運用している公共の「オープン・データ・サービス」です。

＊

サービスへは、「RESAS」の公式ホームページからアクセスできます。

https://resas.go.jp/#/2/02201

＊

こちらの公式サービスは、UIが非常によく出来ていて、「人口」「平均賃金」「観光者数」といった多彩な政府調査データを、Webページ上から操作して可視化できます。

図7-1 「RESAS」の日本全国の人口分布

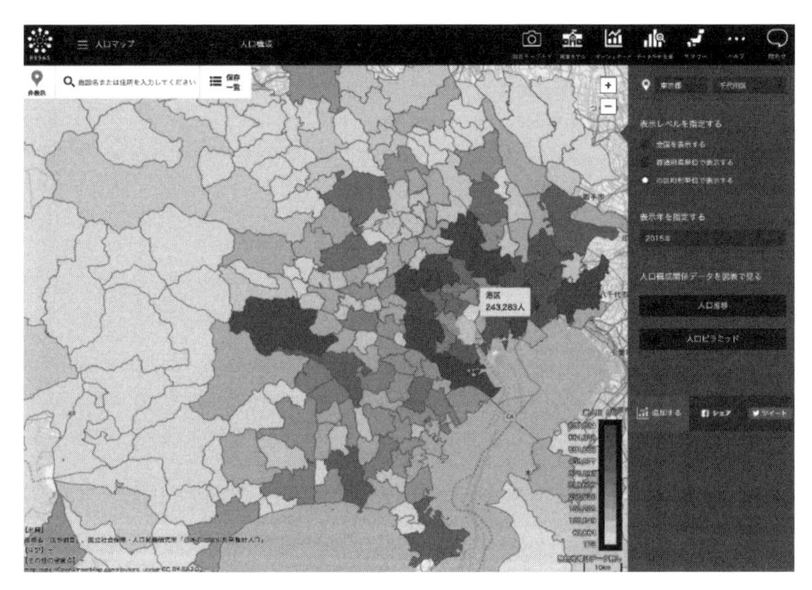

図7-2 「RESAS」の市区町村別の人口分布

7-3　RESAS API

「RESAS」のWebサービスを操作して、可視化したり、分析したりするだけでも、投資判断する際に役立ちます。

*

ただ、たとえば、独自のルールで加工したり、自動で投資価値の高い不動産を分析して抽出したい場合などには、やや不便です。

*

もっと効率的に分析するためには、独自のスクリプトを組む必要があります。

自動スクリプトを組む際に、通常であれば「CSVデータ」を取り込んで、データベース化するなどの方法も考えられます。

しかし、この「RESASデータ」というのは、政府が収集した膨大なデータとなっているため、すべてダウンロードするのは現実的ではありません。

*

そこで、「RESAS-API」の機能を利用します。

「RESAS-API」とは、「httpリクエスト」で、「抽出条件」を与え、必要な範囲のデータだけを都度参照できるという、便利な機能です。

また、APIであれば、独自アプリケーションの動作によって、推移的に決定するパラメータをAPIに引き渡しながら、行政データを独自システムに取り込むこともできます。

*

それでは、実際に「RESAS-API」に利用申請して、Pythonスクリプトから「RESAS-API」を実行するまでの流れを、順を追って説明していきます。

7-4 「RESAS API」の登録

「RESAS-API」を利用するには、まずユーザー登録を行ない、ユーザーごとに配布される「APIキー」を取得することが必要になります。

[手順]

[1] まずは、「RESAS-API」のページにアクセスして、ユーザー情報を登録しましょう。

https://opendata.resas-portal.go.jp/

図7-3 RESAS-APIのトップページ

[2] 登録には、「E-mailアドレス」「氏名」「パスワード」を入力し、個人情報取扱を含む免責事項への承諾が必要になります。

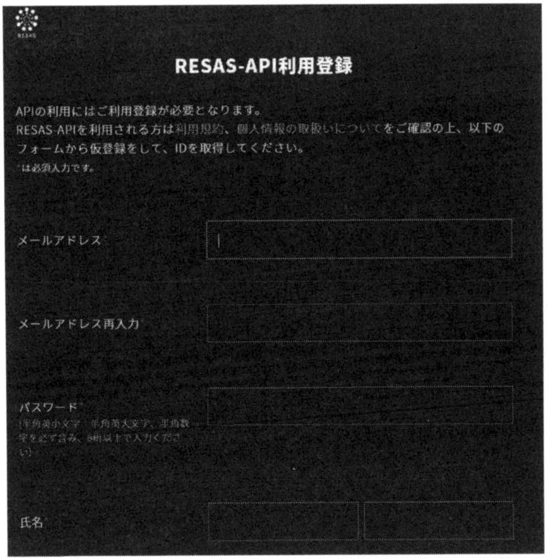

図7-4 「RESAS-API」の「ユーザー登録」画面

[3] こちらで「仮登録」を行ないます。

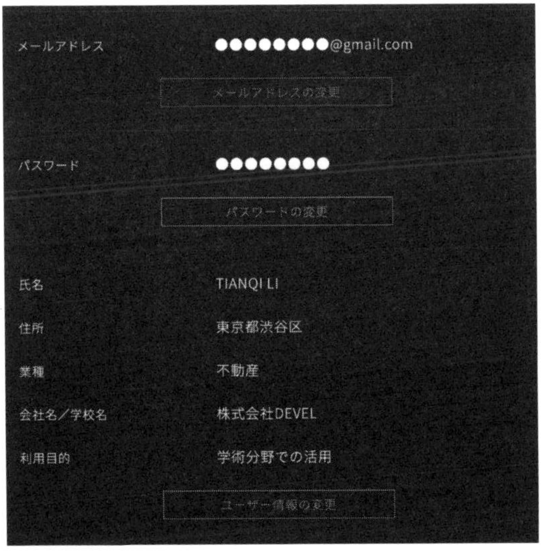

図7-5 「RESAS-API」のユーザー登録確認画面

すると、本登録へのページリンクを含むメールが、入力した「メール・アドレス」に送付されます。

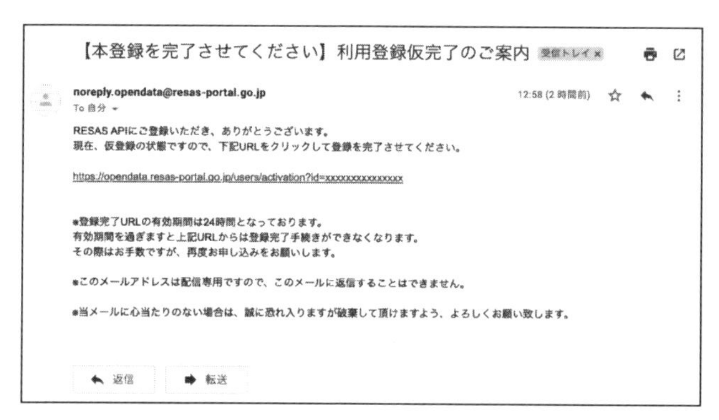

図7-6　「RESAS-API」の本登録メール

[4] メールのリンクをクリックすると、本登録が完了になります。

[5] 本登録完了後には、次のような「APIキー」が画面に表示されます。
こちらは、後で必要になるので、メモしておきましょう。

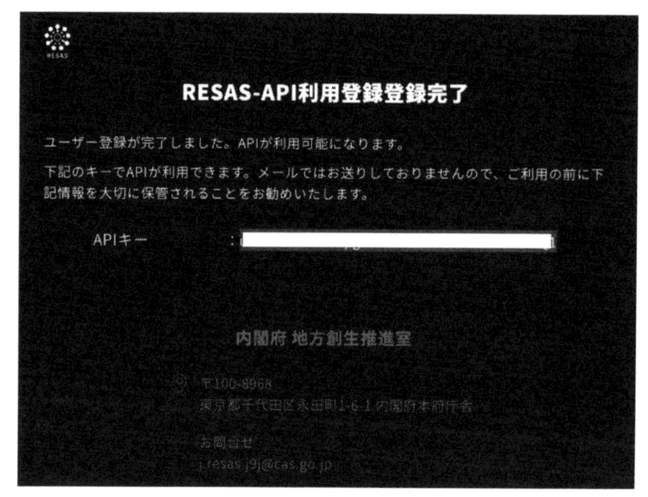

図7-7　「本登録」完了後の「APIキー」付与

以上で、「RESAS-API」の利用登録が完了しました。

7-5 「Python」から「RESAS-API」を利用

では、先ほどユーザー取得した「APIキー」を使って、実際に「RESAS-API」を叩いてみましょう。

■ 実行環境

今回も「Python」を利用します。

*

筆者の環境では「Python3.7」を利用していますが、「Python3」系であれば、基本、なんでも大丈夫です。

*

まず、次のコマンドを実行して、必要ライブラリをインストールしましょう。

```
> pip install requests
```

インストールが完了したら、「jupyter notebook」を立ち上げます。

```
> ipython  notebook
```

※ここでは、説明の都合上「notebook環境」で実行していますが、実際に実行するときは、任意の「Pythonスクリプト」に組み込んでも大丈夫です。

```
> pi install requests
```

■「API」から"人口データ"の取得

それでは、実際に「API」を叩いてデータを取得してみましょう。

＊

今回は、「RESAS-API」を使って、「東京都港区の人口推移」のデータを取得します。

＊

公式サイトの「APIドキュメント」を読んでみると、

parameters

Name	Description
prefCode	都道府県コード
cityCode	市区町村コード 「すべての市区町村」を選択する場合は「-」を送ります。

図7-8 「RESAS-API」の公式ドキュメント

このように、「prefCode」(都道府県コード)と、「cityCode」(市区町村コード)の2つのパラメータを与えることで、その地域の人口データを返してくれる、と書いてあります。

＊

この「都道府県コード」と「市区町村コード」というのは、実は今回の「RESAS-API」に限った話ではなく、地域と関連したデータを扱う際に、どこでもよく出てくる、日本の国土交通省が一意に定めた「エリア・コード」になります。

たとえば、「東京都」であれば、「都道府県コード」は「13」、「港区」であれば「市区町村コード」は「13103」となります。

「地域データ」に慣れている人であれば、特に調べなくてもスラスラ書けますが、「地域データ」に慣れてない人のためにも、「RESAS-API」では、親切に「エリア・コード」検索できる「API」を用意しているので、まずはそちらを使ってみましょう。

＊

「notebook」上で、**リスト7-1**のコードを実行してみてください。

※この「api_key」の部分には、最初の登録時に取得した文字列を入れてください。

リスト7-1　都道府県コード取得API

```
import requests
api_key =' xxxxxxxxxxxx'
url = "https://opendata.resas-portal.go.jp/api/v1/prefectures"
headers = {
    'X-API-KEY': api_key,
}

response = requests.get(url, headers=headers)
response.json()['result']
```

実行結果は、**図7-9**のようになります。

json形式のレスポンスとなっているので、「response.json()」でエンコードしています。

このレスポンスの**13行目**を見ると、「東京都」の「prefCode」が「13」であることが分かります。

```
api_key = 'xxxxxxxxxxxxxxxxxxxxxxx'
url = "https://opendata.resas-portal.go.jp/api/v1/prefectures"
headers = {
    'X-API-KEY': api_key,
}

response = requests.get(url, headers=headers)
response.json()['result']
```

```
[{'prefCode': 1, 'prefName': '北海道'},
 {'prefCode': 2, 'prefName': '青森県'},
 {'prefCode': 3, 'prefName': '岩手県'},
 {'prefCode': 4, 'prefName': '宮城県'},
 {'prefCode': 5, 'prefName': '秋田県'},
 {'prefCode': 6, 'prefName': '山形県'},
 {'prefCode': 7, 'prefName': '福島県'},
 {'prefCode': 8, 'prefName': '茨城県'},
 {'prefCode': 9, 'prefName': '栃木県'},
 {'prefCode': 10, 'prefName': '群馬県'},
 {'prefCode': 11, 'prefName': '埼玉県'},
 {'prefCode': 12, 'prefName': '千葉県'},
 {'prefCode': 13, 'prefName': '東京都'},
 {'prefCode': 14, 'prefName': '神奈川県'},
 {'prefCode': 15, 'prefName': '新潟県'},
 {'prefCode': 16, 'prefName': '富山県'},
 {'prefCode': 17, 'prefName': '石川県'},
 {'prefCode': 18, 'prefName': '福井県'},
 {'prefCode': 19, 'prefName': '山梨県'},
 {'prefCode': 20, 'prefName': '長野県'},
 {'prefCode': 21, 'prefName': '岐阜県'},
 {'prefCode': 22, 'prefName': '静岡県'},
 {'prefCode': 23, 'prefName': '愛知県'},
 {'prefCode': 24, 'prefName': '三重県'},
```

図7-9 都道府県コード検索APIの実行結果

＊

次に、「東京都」(prefCode=13)に属する「市区町村」の中から、「港区」の「cityCode」を調べます。

＊

リスト7-2のスクリプトを実行してみましょう。

リスト7-2　Cityコード取得API

```
import requests
api_key = 'xxxxxxxxxxxxxxxxxxxxxxx'
url="https://opendata.resas-portal.go.jp/api/v1/cities"
params = {
    'prefCode': 13,
```

```
}
headers = {
    'X-API-KEY': api_key,
}

response = requests.get(url, headers=headers, params=params)
response.json()['result']
```

今回は、「リクエスト・パラメータ」の「params」の中に、「'prefCode': 13」と指定います。

「実行結果」は、**図7-10**のようになります。

```
api_key = 'xxxxxxxxxxxxxxxxxxxxxxx'
url="https://opendata.resas-portal.go.jp/api/v1/cities"
params = {
    'prefCode': 13,
}
headers = {
    'X-API-KEY': api_key,
}

response = requests.get(url, headers=headers, params=params)
response.json()['result']
```

```
[{'prefCode': 13, 'cityCode': '13101', 'cityName': '千代田区', 'bigCityFlag': '3'},
 {'prefCode': 13, 'cityCode': '13102', 'cityName': '中央区', 'bigCityFlag': '3'},
 {'prefCode': 13, 'cityCode': '13103', 'cityName': '港区', 'bigCityFlag': '3'},
 {'prefCode': 13, 'cityCode': '13104', 'cityName': '新宿区', 'bigCityFlag': '3'},
 {'prefCode': 13, 'cityCode': '13105', 'cityName': '文京区', 'bigCityFlag': '3'},
 {'prefCode': 13, 'cityCode': '13106', 'cityName': '台東区', 'bigCityFlag': '3'},
 {'prefCode': 13, 'cityCode': '13107', 'cityName': '墨田区', 'bigCityFlag': '3'},
 {'prefCode': 13, 'cityCode': '13108', 'cityName': '江東区', 'bigCityFlag': '3'},
 {'prefCode': 13, 'cityCode': '13109', 'cityName': '品川区', 'bigCityFlag': '3'},
 {'prefCode': 13, 'cityCode': '13110', 'cityName': '目黒区', 'bigCityFlag': '3'},
 {'prefCode': 13, 'cityCode': '13111', 'cityName': '大田区', 'bigCityFlag': '3'},
 {'prefCode': 13, 'cityCode': '13112', 'cityName': '世田谷区', 'bigCityFlag': '3'},
 {'prefCode': 13, 'cityCode': '13113', 'cityName': '渋谷区', 'bigCityFlag': '3'},
 {'prefCode': 13, 'cityCode': '13114', 'cityName': '中野区', 'bigCityFlag': '3'},
 {'prefCode': 13, 'cityCode': '13115', 'cityName': '杉並区', 'bigCityFlag': '3'},
 {'prefCode': 13, 'cityCode': '13116', 'cityName': '豊島区', 'bigCityFlag': '3'},
```

図7-10　市区町村コード検索APIの実行結果

この実行結果の**3行目**を見てみると、「港区」の「cityCode」が「13103」であることが分かります。

＊

最後に、ここまでで取得した「東京都」の「prefCode(13)」と「港区」の「cityCode(13103)」を使って、「東京都港区」の「人口推移データ」を取得します。

リスト7-3のコードを実行してみましょう。

リスト7-3　エリア別人口データ取得API

```
import requests


api_key = 'xxxxxxxxxxxxxxxxxxxxxxxxx'
url="https://opendata.resas-portal.go.jp/api/v1/population/
sum/estimate"
params = {
    'cityCode': 13103,
    'prefCode': 13,
}
headers = {
    'X-API-KEY': api_key,
}


response = requests.get(url, headers=headers, params=params)
data = response.json()['result']['data']
```

図7-11が実行結果になります。

*

「1995年からの2040年まで」の5年ごとの人口推移が確認できます。

また、こちらの「レスポンス」には、1年ごとの「転入数」「転出数」「出生数」「死亡数なども細かくまとめられています。

```
import requests
```

```
api_key = 'xxxxxxxxxxxxxxxxxxxxxxxx'
url = "https://opendata.resas-portal.go.jp/api/v1/population/sum/estimate"
params = {
    'cityCode': 13103,
    'prefCode': 13,
}
headers = {
    'X-API-KEY': api_key,
}

response = requests.get(url, headers=headers, params=params)
data = response.json()['result']['data']
```

```
data
```

```
[{'label': '総人口',
  'data': [{'year': 1995, 'value': 144885},
   {'year': 2000, 'value': 159398},
   {'year': 2005, 'value': 185861},
   {'year': 2010, 'value': 205131},
   {'year': 2015, 'value': 243283},
   {'year': 2020, 'value': 219394},
   {'year': 2025, 'value': 221270},
   {'year': 2030, 'value': 221221},
   {'year': 2035, 'value': 219406},
   {'year': 2040, 'value': 215898}]},
 {'label': '転入数',
  'data': [{'year': 1994, 'value': 14647},
   {'year': 1995, 'value': 16060},
   {'year': 1996, 'value': 17124},
   {'year': 1997, 'value': 15190},
   {'year': 1998, 'value': 16114},
   {'year': 1999, 'value': 16962},
   {'year': 2000, 'value': 17349},
```

図7-11 「人口推移API」の実行結果

＊

いかがでしょうか。

今回は、「RESAS-API」を使った人口データの取得の方法を解説しました。

この「RESAS-API」を使えば、「人口データ」だけでなく、「外国人観光客」や「平均賃金」などのさまざまな環境データも「API」を介して取得できるようになります。

それらの使い方については、以下の公式サイトの「APIドキュメント」に詳細が記載されています。

より詳しく勉強したい方は、ぜひこちらを参考にしてみてください。

https://opendata.resas-portal.go.jp/docs/api/v1/index.html

＊

不動産投資する際にも、「機械学習」で予測した現在価値に加え、「人口」や「経済」などの「地域環境データ」から、その不動産の「将来価値の評価」も加味できれば、より有用性の高いシステムを構築できるようになります。

ぜひこちらも有効活用してください。

第8章

「Anti-CAPTCHA」で「Google reCAPTCHA」を突破

前章までに、「Python」を使ったさまざまな「スクレイピング手法」を解説してきました。
「Python＋selenium」を使いこなせば、あらゆるWebサイトから、自動でデータ収集が可能になります。

8-1 スクレイピングを対策する「Google reCAPTCHA」

これまでの内容をさらに発展させて、「最強のスクレイピング対策」として知られている「Google reCAPTCHA」(リキャプチャ)の仕組みと、「Python＋Anti-CAPTCHA」を使ってそれを突破する、上級テクニックについて解説します。

*

※今回解説する内容は、多くのWebサービスの利用規約に抵触する可能性があります。あくまでも技術の話に留めておき、悪用しないようにしてください。また、活用される場合は、自己責任でお願いします。

■スクレイピング対策API

「スクレイピング」を活用することで、Web上の膨大な「ビッグ・データ」を効率良く自動収集できます。

一方で、サーバ管理者側の立場からしてみれば、自社の価値あるデータを自動収集されたくないので、あの手この手でスクレイピング対策をしできます。

特に価値ある「ビッグ・データ」を保有しているプラットフォームであるほど、より強固な対策を施しています。

*

最近では、こういった「スクレイピング対策」の需要を満たすために、簡単に導入できる「スクレイピング対策API」を販売提供している、テック企業も多く存在しています。

その結果、今では、「サーバ管理者」がスクレイピング対策する際には、基本的にこういった専用APIを導入するのが一般的になってきています。

■ Google reCAPTCHA

数多くある「スクレイピング対策API」の中で、最も強力でコスパが良いサービスとして、「reCAPTCHA」(リキャプチャ)が知られています。

特に、「reCAPTCHA v2」がよく利用され、サーバ管理者は簡単なAPI登録をするだけで、90%以上のロボットによる自動アクセスを「検出&ブロック」できます。

今では多くのプラットフォームが、実際にこれを導入しています。

*

読者の方々も、ネットサーフィン中に、以下のようなポップアップが出現して、問題を解かされた経験があると思います。

これがまさに「reCAPTCHA」で、ブラウザ側の不審な動きを検出すると、このような問題がポップアップされ、人間かどうかを確認します。

このようなタスクの多くは、ロボットでは自動識別できないようにノイズ加工されていて、熟練のAI研究者でも、これを自動突破するのは至難の技でしょう。

図8-1　「Google reCAPTCHA」の例

すなわち、「スクレイピング・ボット」を作る際に、いかに「Selenium」を使って人間っぽい動きを実装できたとしても、このような「reCAPTCHA」対策が施されたWebサイトに出くわすと、どうしてもタスクを自動で解けないので、そこから先に進めなくなります。

実際、ほとんどのスクレイピング業者はここで諦めざるを得なくなり、今では「reCAPTCHA」の存在が、「スクレイピング業者」の"最大の敵"と言っても過言ではないでしょう。

8-2 Anti-CAPTCHA

通常であれば、「reCAPTCHA」を導入されているサイトは「スクレイピング」できないとされています。ただし、完全に不可能ではないです。

*

あまり知られていないですが、実は海外の専用APIを導入することで、自動で突破する抜け道が存在しています。

その一つの代表例として、「Anti-CAPTCHA」を紹介していきます。

■「Anti-CAPTCHA」とは

「Anti-CAPTCHA」とは、イギリスの会社が提供する、「キャプチャ機能を突破するため」のサービスです。

簡単に言えば、「本来人間で解くべきキャプチャ処理を、代わりに解いてくれる代行サービス」です。

*

すべてのデータのやり取りがAPIを通じて行なわれるので、このAPIを自前の「スクレイピング・スクリプト」内に組み込むだけで、「reCAPTCHA」が導入されたサイトでも全自動でスクレイピングできるようになります。

ただし、このような「キャプチャ自動突破API」は、基本的にどこも有料サービスです。
「Anti-CAPTCHA」の場合は、APIリクエスト1回あたり平均約0.5円程度かかります。

しかし、「reCAPTCHA自動突破によって得られる恩恵からすれば、充分すぎるくらい安い料金だと思います。

■「Anti-CAPTCHA」の仕組み

「Anti-Captcha」の裏の仕組みは、シンプルで、ボットでは解けないような難しい「キャプチャ・タスク」を、圧倒的な“人海戦術”で突破しているだけです。

ユーザーが「Anti-Captcha」のAPIを通じて解除したいキャプチャの情報を送信すると、海外にいる大量の(安い人件費の)Workerが、キャプチャを次々と解いて、必要な情報をリアルタイムで送り返してくれます。

より詳細な仕組みは、以下の公式のホームページにも記載されています。

日本語ドキュメントもあるので、ぜひ読んでみてください。

https://anti-captcha.com/mainpage

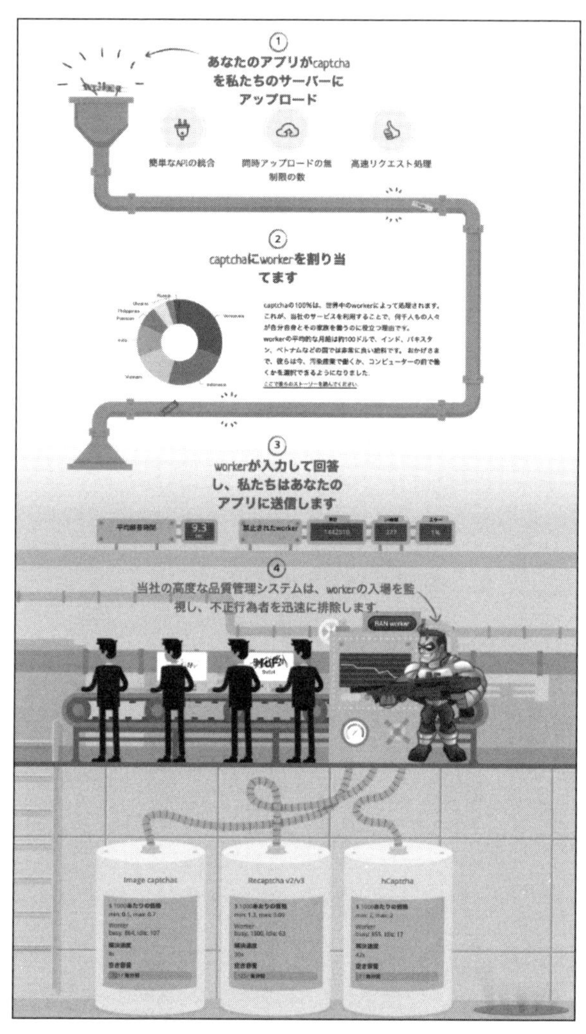

図8-2 「Anti-CAPTCHA」の仕組み

■「Anti-CAPTCHA」の言語対応

「Anti-Captcha」では、APIをより簡単に利用できるように、「Python」や「NodeJS」といった複数の言語をサポートしたライブラリが用意されています。

また、非プログラマー向けの「Google Extension」や「Firefox Plugin」も用意されているので、まずはお試しでという方は、そちらから先に触ってみるのもありです。

より詳しい説明はこちらの公式ドキュメントに記載されているので、ぜひ読んでみてください。

https://anti-captcha.com/apidoc/hcaptcha

8-3 「Anti-CAPTCHA」の使用準備

■ アカウント登録

[手順]

[1] こちらのページにアクセスして、「アカウント名」と「メール・アドレス」を記入して、アカウント登録します。

https://anti-captcha.com/clients/reports/dashboard

図8-3 「Anti-CAPTCHAS」のユーザー登録

[2] 少し待つと、入力した「メール・アドレス」に、**図8-4**のようなメールが送られてきます。

[3] これで登録完了です。メールに記載されたパスワードを使って、ログインできるようになります。

AΛTI

キャプチャ解決サービスAnti-Captcha.Comへようこそ！

新しいアカウントにアクセスするには、下記の資格情報を使用してください。

ログイン：
パスワード：
シクレットキー：
（正確に32桁のコードをコピーする必要があります）

シクレットキーをコピーして、Anti-Captcha（Antigate）APIを利用するアプリケーション設定に貼り付ける必要があります。チャージする時に自動的にアクティブ化されます。有効なアクセスキーを使用すると、アプリはユーザーの操作なしで自動化タスクを実行できます。

ご利用いただきありがとうございます！

よろしくお願いいたします。
Anti-Captcha.Comチームより

図8-4 「Anti-CAPTCHA」の登録完了メール

■ ログイン画面

ログインすると、**図8-5**のようなページが表示されます。

ここに記載されている「アカウント・キー」は、後でAPIリクエストを送る際に必要な情報になるので、メモしておきましょう。

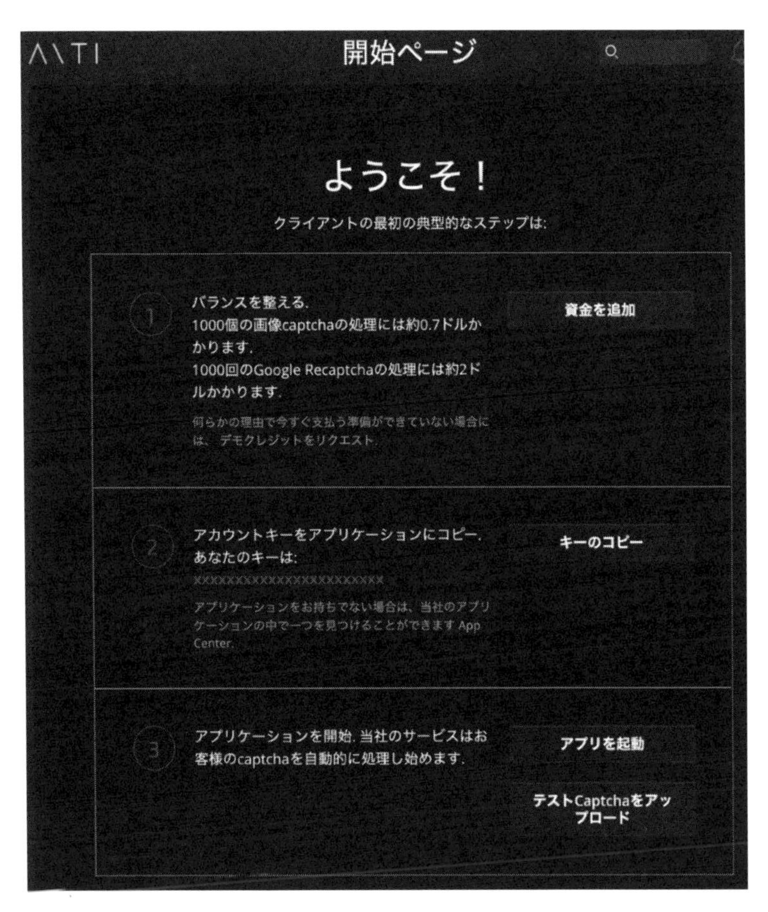

図8-5 「Anti-CAPTCHA」のログイン画面

■ 入金

「Anti-CAPTCHA」のAPIは基本的に有料です。

[手順]

[1] ログイン後の「右メニュー・タブ」から、「入金」を選択すると、以下のような支払い方法の画面が出てきます。

「クレジット・カード」や「仮想通貨」、「PayPal」など、さまざまな支払い方法に対応しています。

日本からの入金であれば、「PayPal」か「VISA」が楽かと思います。

＊

[2] 決済が完了して1日ほど待つと、ログイン画面の右上の残高に、チャージした金額が反映されます。

図8-6　「Anti-CAPTCHA」の支払い画面

■ デモクレジット

入金する前に試したいという方のために、「デモクレジット」が用意されています。

ログイン後のダッシュボード画面から、「デモクレジットをリクエスト」をクリックして、「電話番号」を登録することで、0.1ドル（約10円）ぶんがもらえます。

0.1ドルあれば、デフォルト設定で20回くらいお試しできるので、まずはこれで使い勝手を試してみてから、入金するかどうか決めるのがオススメです。

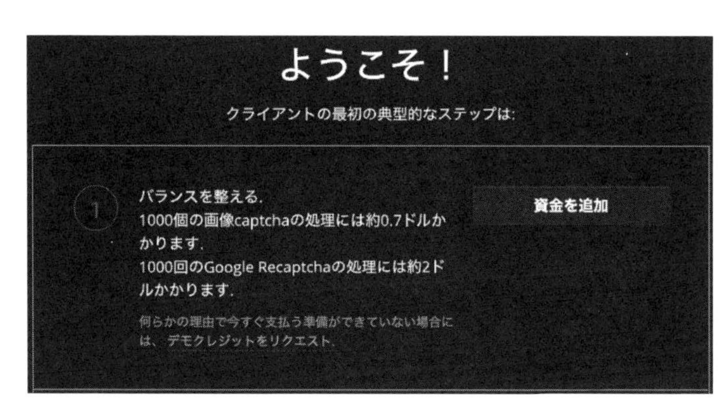

図8-7　「デモクレジット」のリクエスト画面

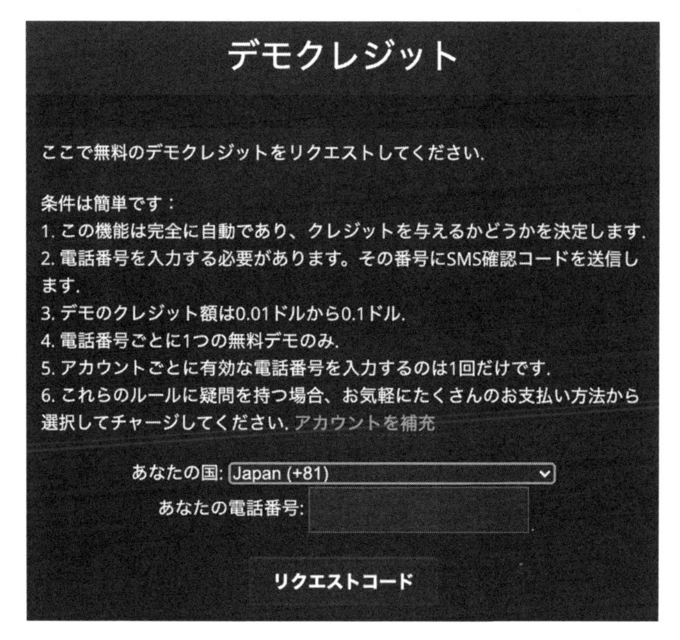

図8-8　「デモクレジット」の電話入力画面

■ 入札金額の設定

「Anti-CAPTCHA」では、「キャプチャ一回あたりいくら支払うか」を自分で決めることができます。

＊

右メニューの「API設定」をクリックしてから、「スライダー」を左右動かして金額を調整できます。

＊

デフォルトでは1000リクエストあたり5ドル(すなわち、1回あたり約0.5円)に設定されています。

入札金額が高いほど優先されるので、高速に確実にキャプチャを解決することができます。

デフォルト設定の「5ドル」では、サーバ側のWorker状況によって1キャプチャあたり数十秒～数分とバラつきはありますが、そこまでリアルタイム性を求めないシステムであれば、これで充分でしょう。

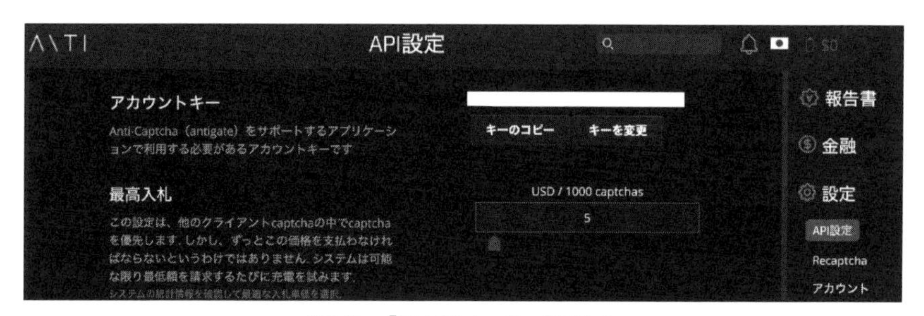

図8-9 「アカウント・キー」の入力

8-4 「Python」+「Anti-CAPTCHA」の実装

「Anti-CAPTCHA　API」を使う準備ができたら、さっそく使ってみましょう。

■ インストール

まずは専用の「Pythonライブラリ」をインストールします。

「ターミナル」から、以下のように実行すれば、必要なものをひととおりインストールできます。

```
> pip install anticaptchaofficial
```

■ 「reCAPTCHA」の「デモ・サイト」

ここでは、デモ・サイトを例にして解説します。

この「デモ・サイト」はGoogle公式の「reCAPTCHA v2」の「テスト・ページ」です。
人間が入力操作をして、「I'm not a robot」をクリックしたあと、少しでもロボットの疑いがある場合は、「reCAPTCHA」の画像タスクがポップアップされます。

それに正解できれば、次へ進むことができるようになっています。

```
https://www.google.com/recaptcha/api2/demo
```

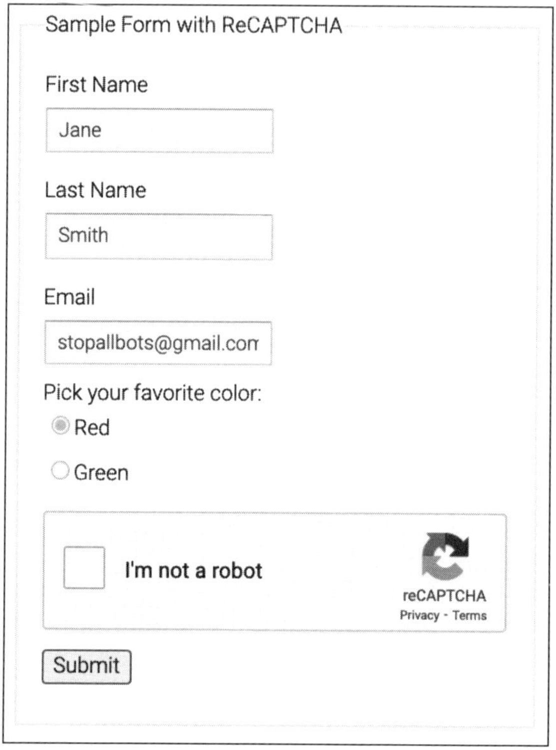

図8-10　デモ・サイトの例

■ Google「reCAPTCHA」の原理

　Google「reCAPTCHA」の原理を知らなくても、「Anti-CAPTCHA」のAPIを愚直に叩くだけで突破すること自体はできますが、原理を知っておいたほうが何かと応用が効くので、ここで簡単に解説しておきます。

[手順]

[1] まず、スクレイピング対策をしようと、サイト管理者が「reCAPTCHA」を導入すると、Googleはそのサイト専用の「site_key」という「鍵情報」を発行します。

サイト管理者はこの「site_key」の情報を、「reCAPTCHA」スクリプトとともに、自社サイトに埋め込めば、「reCAPTCHA」が有効化されます。

[2] この状態で、「一般ユーザー」もしくは「スクレイピング・ロボット」が対象サイトにアクセスすると、サイトに埋め込まれた「reCAPTCHA」スクリプトが反応して、裏でブラウザを制御して、「Googleサーバ」にリクエストを送ります。

このとき、「サイトURL」と「site_key」という2つのパラメータが、Googleサーバに送信されます。

[3] Googleサーバは、送られてきた「サイトURL」と「site_key」の情報を元に、そのサイト専用の「CAPTCHAタスク」を生成して、「ユーザー」(もしくはロボット)に質問してきます。

[4] ユーザー(もしくはロボット)がそのタスクに正解できれば、Googleサーバはご褒美として「g_response」という「正解鍵」を返してくれます。

[5] 最後に、ユーザー(もしくはロボット)は、得られた「g_response」の「正解鍵」を対象サイトのフォーム(hiddenエリア)に埋め込んで、他のフォーム情報を一緒にpostすると、サーバ側でそのリクエストを「有効値」として見なしてくれます。

※「g_response」の「正解鍵」が正しく埋め込まれてない状態で「post」を送っても通常は無視されます。

■「Anti-CAPTCHA」の仕事

上記のGoogle「reCAPTCHA」の基本原理さえ分かれば、「Anti-CAPTCHA」のAPIの仕組みがだいぶ理解しやすくなります。

*

実は、「Anti-CAPTCHA」に直接解きたい「CAPTCHAタスク」をまるまる送信する必要はなく(別APIを使えば送信すること自体は可能)、上記原理で解説した[2]の部分の「サイトURL」と「site_key」さえ、「Anti-CAPTCHA」側に教えてあげれば、[3]のGoogleサーバへのタスク問い合わせと[4]のタスク解決をまるまる「Anti-CAPTCHA」側で肩代わりしてくれます。

*

「Anti-CAPTCHA」側でタスクが解かれた後、得られた「g_response」(正解鍵)さえこっちに教えてくれれば、その「正解鍵」を使って先の処理に進むことができるようになります。

*

ここまで説明した「Anti-CAPTCHA」の動作原理は、以下の公式ドキュメントでもっと詳細に書かれているので、興味ある方はぜひ読んでみてください。(英語のみ)

```
https://anticaptcha.atlassian.net/wiki/spaces/API/pages/6029327/Forms+with+Recaptcha.+Submit+automation+scheme.
```

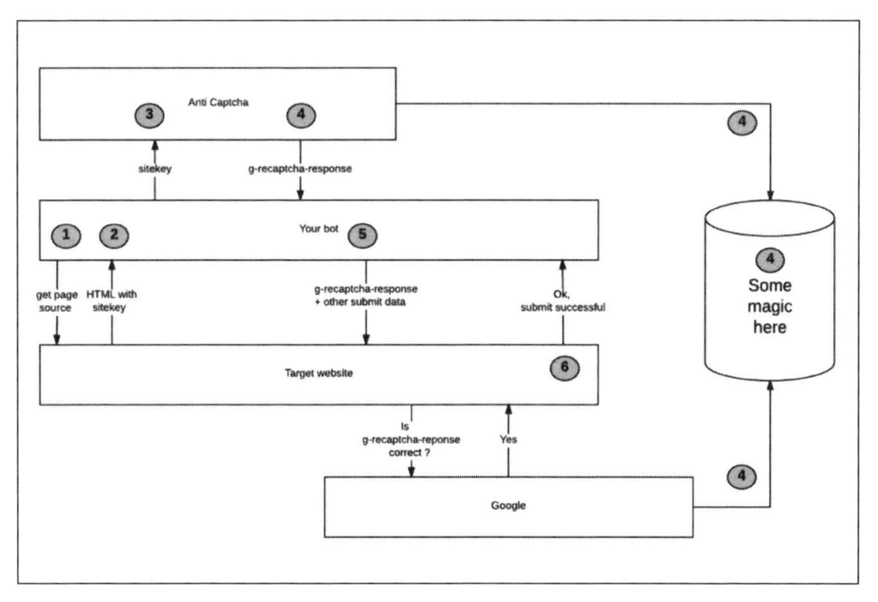

図8-11 「Anti-CAPTCHA API」の原理

■ site_keyの抽出

では具体的に、「site_key」の抽出方法を実装してみます。

＊

以下のコードでは、以前の記事で解説した「selenium」を使って、疑似ブラウザを立ち上げて、そのままgoogle「reCAPTCHA v2」の「デモ・ページ」にアクセスしています。

そしてDOMをパースして、「site_key」を抽出し、表示しています。

リスト8-1 reCAPTCHAのsite_key抽出スクリプト

```
from selenium import webdriver
from anticaptchaofficial.recaptchav2proxyless import *


url = "https://www.google.com/recaptcha/api2/demo"
browser = webdriver.Chrome("chromedriver")
```

```
browser.get(url)

tag = browser.find_element_by_css_selector('[data-sitekey]')
site_key = tag.get_attribute('data-sitekey')
print("site_key = %s" % (site_key))
```

実行結果が、図8-12のようになれば、成功です。

```
~/a/anti_captcha ❯❯❯ python test.py
site_key = 6Le-wvkSAAAAAPBMRTvw0Q4Muexq9bi0DJwx_mJ-
```

図8-12 「site_key」抽出の結果

■「Anti-CAPTCHA API」でタスク解決

上記のコードに追記して、以下のように「recaptcha API」側に必要情報を送信します。

こちらの「YOUR KEY」の部分には、先ほどアカウント登録時にメモした自分専用の「API KEY」を代入しておきます。

リスト8-2 Anti-CAPTCHAへタスクのリクエスト

```
solver = recaptchaV2Proxyless()
solver.set_verbose(1)
solver.set_key("YOUR KEY")
solver.set_website_url(url)
solver.set_website_key(site_key)
g_response = solver.solve_and_return_solution()
print("g_response = %s" % (g_response)
```

これを実行すると、「Anti-CAPTCHA」側に「site_key」「サイトURL」

「API　Key」が、ともに送られます。

しばらく待つと、次のように「task solved」と表示され、「g_response」の「正解鍵」が返ってきます。

```
~/a/anti_captcha ❯❯❯ python test.py

site_key = 6Le-wvkSAAAAAPBMRTvw0Q4Muexq9bi0DJwx_mJ-
making request to createTask
created task with id 137069497
making request to getTaskResult
task is still processing
making request to getTaskResult
task is still processing
making request to getTaskResult
task is still processing
making request to getTaskResult
task is still processing
making request to getTaskResult
task is still processing
making request to getTaskResult
task is still processing
making request to getTaskResult
task is still processing
making request to getTaskResult
task is still processing
making request to getTaskResult
task is still processing
making request to getTaskResult
task is still processing
making request to getTaskResult
task is still processing
making request to getTaskResult
task is still processing
making request to getTaskResult
task is still processing
making request to getTaskResult
task is still processing
making request to getTaskResult
task is still processing
making request to getTaskResult
task is still processing
making request to getTaskResult
task is still processing
making request to getTaskResult
task solved
g_response = 03AGdBq27vIyvt9q0-UBD9bGH9ohAqrSg8ZxQ1K234305kjM8J
```

図8-13　「Anti-CAPTCHA」の処理結果

■「g_response」の埋込みと送信

最後に、「Anti-CAPTCHA」側で解決した結果の「g_response」(正解鍵)をフォームに埋め込んで送信します。

＊

下記にコードを追記して、再度実行してみましょう。

リスト8-3 AntiCAPTCHA解決済みキーを埋め込み

```
textarea = browser.find_element_by_id('g-recaptcha-response')
browser.execute_script(f'arguments[0].value = "{g_response}
";', textarea)
browser.find_element_by_css_selector('input[type="submit"]').
click()
```

これで、しばらく経って「Anti-CAPTCHA」側のタスクが解かれた後、返ってきた「g_response」(正解鍵)を、そのままフォームに入れて送信できるようになりました。

フォーム送信後、次のように、「Verification Success… Hooray!」と表示されれば、突破成功です。

＊

これは、要するに、「reCAPTCHA v2」が、これまでの一連の自動化処理に気づくことなく、検証した結果、「これはロボットではなく人間による操作です」と断定し、以降の処理続行を許可してくれた、ということになります。

図8-14 「reCAPTCHA」の突破成功例

＊

ここでは、スクレイピングの上級テクニックである「Anti-CAPTCHA API」を使ったGoogleの「reCAPTCHA v2」の突破方法を解説しました。

「ReCAPTCHA v2」を例に解説しましたが、他にも「reCAPTCHAv3」やGoogle以外のキャプチャ機能などにも対応しています。

＊

多少の課金が発生してしまうことがネックですが、どうしても「reCAPTCHA」入りのWebサイトをスクレイピングしたいといったときに、一つの武器としてもっておくと、何かと役に立つと思います。

[COLUMN]

「投資」と「自動化技術」で実現される、本質的な価値 〜アービトラージ〜

本書では、不動産投資でうまく利益出すことを目的に、それを効率的に実現するためのデータ収集技術「**スクレイピング**」「**クローリング**」、データを整えるための「**クリーニング**」「**名寄せ技術**」、また、ビッグデータを分析するための「**機械学習技術**」について、一通り解説してきました。

さて、これらによって実現された本質的な価値を、一言で説明するとなんになるのでしょうか。
…そう、それこそが、「**情報の非対称性取引＝アービトラージ**」の実現です。

＊

「**アービトラージ**」とは、もともと金融投資の世界の概念ですが、実は金融に限らず、世の中のあらゆるビジネスは、本質的にはすべて「**アービトラージ**」の上で成り立っています。

情報の歪みが発生するからこそ、一方は安く売り、他方では高く売り捌くことが可能なのです。

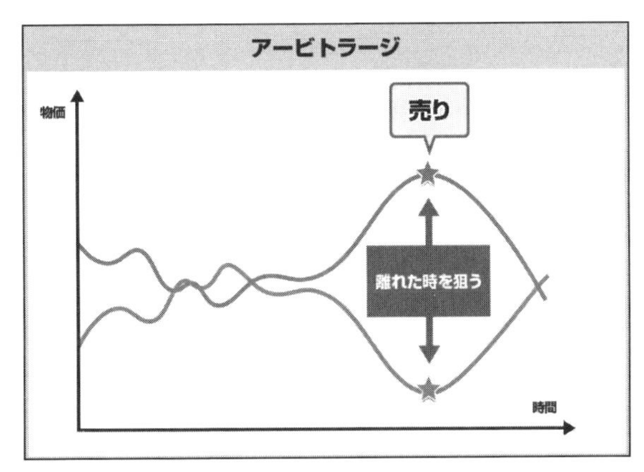

「アービトラージ」の概念は、あらゆるビジネスで活用されている。

> 「アービトラージ」(Arbitrage)は、「裁定取引」のこと。
> 裁定取引とは、金利差や価格差に注目して、割安な投資対象を買い、割高な投資対象を売るポジションを取ることで、両者のサヤを抜こうとする手法。
> 両者の価格が収縮したとき反対売買を行なうことで、投資収益をあげることができる。
> 「アービトラージ」「サヤ取り」「スプレッド取引」とも言う。
> かつては、投資銀行などの自己勘定部門が行なう裁定取引を指すことが多かったが、近年ではヘッジファンドの投資手法を指す用語として使われることが増えている。
> (※三井住友DSアセットマネジメント「用語集」より引用)

たとえば、オンラインショップから商品を購入する消費者は、商品の仕入れ原価や材料費を知らないからこそ、ショップ側に利益が生まれます。

また、投資の世界でも、投資家は、投資判断となる材料や注目してる商品に関する事前知識の差があるからこそ、人によって損益の違いが生まれます。

何事においても、情報の歪みを掴める人こそ、人生を賢く生き抜くことができるのです。

*

このような**「アービトラージ」**のチャンスを掴むためには、もちろん経験をいっぱい積んで、自らのセンスを磨いていくこと(不動産投資であれば、目利き力を上げたりすること)も大切ですが、それ以上に、今の時代であれば、テクノロジーを最大限に駆使するのが、最もスマートだと筆者は考えます。

人間の代わりとなる「情報収集ロボット」や「分析プログラム」をいっぱい作れれば、人間よりもはるかに「高速」に、かつ「効率良く」、多くの情報の歪みを掴むことができます。

これを「不動産投資」の分野に活用すれば、効率良くお買い得物件を見つけられたり、「株や仮想通貨の投資」に活用すれば、取引所間での差益を自動で見つけられたり、また、せどりに活用すれば、買値と売値の差額が大きい商品を自動で見つけ出せたりと、多くの「**アービトラージ**」を生み出すことが可能になります。

*

本書では、これらを技術要素ごとに細かく切り分けて解説してきましたが、読者のみなさんには、ぜひ必要に応じてこれらを組み合わせて活用していただき、身の回りで多くの「**アービトラージ**」を掴んで、より豊かな人生を送れることを期待しています。

索引

アルファベット順

索　引

索　引

■著者略歴

李　天琦（り・てんき）

▼1989年中国蘇州市生まれ。ピアニストの父に連れられ来日。東京工科大学を首席で卒業。▼学生時代に不動産領域に興味をもち、AIを用いた独自の価格分析システムを開発。Microsoft Japanインターンシップ、日本ベンチャーキャピタル 大学ハッカソン 2014 優勝。Google Japanにて、深層強化学習を用いた自動運転技術について招待公演。▼DeNA入社後、システム本部にてAI研究開発に従事。DeNAの支援を受けて独立。
現在、（株）DEVEL代表取締役CEO。

質問に関して

本書の内容に関するご質問は、

①返信用の切手を同封した手紙
②往復はがき
③ FAX(03)5269-6031
（ご自宅のFAX番号を明記してください）
④ E-mail　editors@kohgakusha.co.jp

のいずれかで、工学社編集部宛にお願いします。電話によるお問い合わせはご遠慮ください。

●サポートページは下記にあります。
【工学社サイト】http://www.kohgakusha.co.jp/

I/O BOOKS

「クローリング」と「スクレイピング」

2021年10月30日　初版発行　ⓒ2021

著　者　李　天琦
発行人　星　正明
発行所　株式会社工学社
〒160-0004
東京都新宿区四谷4-28-20 2F
電話　(03)5269-2041(代)［営業］
(03)5269-6041(代)［編集］
振替口座　00150-6-22510

※定価はカバーに表示してあります。

[印刷]（株）エーヴィスシステムズ　ISBN978-4-7775-2170-8